未来科技
信任与安全

张海霞　主编

〔美〕保罗·韦斯　　〔澳〕切努帕蒂·贾格迪什
白雨虹　　　　　　副主编

科学出版社
北　京

内 容 简 介

本书聚焦信息科学、生命科学、新能源、新材料等为代表的高科技领域，以及物理、化学、数学等基础科学的进展与新兴技术的交叉融合，其中70%的内容来源于IEEE计算机协会相关刊物内容的全文翻译，另外30%的内容由Steer Tech和iCANX Talks上的国际知名科学家的学术报告、报道以及相关活动内容组成。本书将以创新的方式宣传和推广所有可能影响未来的科学技术，打造具有号召力，能够影响未来科研工作者的世界一流的新型科技传播、交流、服务平台，形成"让科学成为时尚，让科学家成为榜样"的社会力量！

图书在版编目（CIP）数据

未来科技：信任与安全/张海霞主编.—北京：科学出版社，2022.3
ISBN 978-7-03-071720-7

Ⅰ.①未… Ⅱ.①张… Ⅲ.①科学技术 – 普及读物 Ⅳ.①N49

中国版本图书馆CIP数据核字（2022）第033665号

责任编辑：杨 凯／责任制作：付永杰 魏 谨
责任印制：师艳茹／封面制作：付永杰

北京东方科龙图文有限公司 制作
http://www.okbook.com.cn

科 学 出 版 社 出版
北京东黄城根北街16号
邮政编码：100717
http://www.sciencep.com

北京九天鸿程印刷有限责任公司 印刷
科学出版社发行各地新华书店经销

*

2022年3月第 一 版　　开本：787×1092　1/16
2022年3月第一次印刷　　印张：6
字数：121 000

定价：50.00元
（如有印装质量问题，我社负责调换）

编委团队

张海霞，北京大学，教授

iCAN&iCANX发起人，国际iCAN联盟主席，教育部创新创业教指委委员。2006年获得国家技术发明奖二等奖，2014年获得日内瓦国际发明展金奖，2017年荣获北京市优秀教师和北京大学"十佳导师"光荣称号，2018年荣获北京市五一劳动奖章和国家教学成果奖二等奖，2020年入选福布斯中国科技女性五十强，2021年荣获Nano Energy Award。2007年发起iCAN国际大学生创新创业大赛，每年有20多个国家数百所高校的上万名学生参加。在北京大学开设"创新工程实践"等系列创新课程，2016年其成为全国第一门创新创业的学分慕课，2017年荣获全国精品开放课程，开创了"赛课合一"iCAN创新教育模式，目前已经在全国30个省份的700余所高校推广。2020年创办iCANX全球直播平台，获得世界五大洲好评。

保罗·韦斯（Paul S. Weiss），美国加州大学洛杉矶分校，教授

美国艺术与科学院院士，美国科学促进会会士，美国化学会、美国物理学会、IEEE、中国化学会等多个学会荣誉会士。1980年获得麻省理工学院学士学位，1986年获得加州大学伯克利分校化学博士学位，1986~1988年在AT&T Bell实验室从事博士后研究，1988~1989年在IBM Almaden研究中心做访问科学家，1989年、1995年、2001年先后在宾夕法尼亚州立大学化学系任助理教授、副教授和教授，2009年加入加州大学洛杉矶分校化学与生物化学系、材料科学与工程系任杰出教授。现任 *ACS Nano* 主编。

切努帕蒂·贾格迪什（Chennupati Jagadish），澳大利亚国立大学，教授

澳大利亚科学院院士，澳大利亚国立大学杰出教授，澳大利亚科学院副主席，澳大利亚科学院物理学秘书长，曾任IEEE光子学执行主席，澳大利亚材料研究学会主席。1980年获得印度Andhra大学学士学位，1986年获得印度Delhi大学博士学位。1990年加入澳大利亚国立大学，创立半导体光电及纳米科技研究课题组。主要从事纳米线、量子点及量子阱外延生长、光子晶体、超材料、纳米光电器件、激光、高效率纳米半导体太阳能电池、光解水等领域的研究。2015年获得IEEE先锋奖，2016年获得澳大利亚最高荣誉国民奖。在 *Nature Photonics*, *Nature Communication* 等国际重要学术刊物上发表论文580余篇，获美国发明专利5项，出版专著10本。目前，担任国际学术刊物 *Progress in Quantum Electronics*, *Journal Semiconductor Technology and Science* 主编，*Applied Physics Reviews*, *Journal of Physics D* 及 *Beilstein Journal of Nanotechnology* 杂志副主编。

白雨虹，中国科学院长春光学精密机械与物理研究所，研究员

现任中国科学院长春光学精密机械与物理研究所Light学术出版中心主任，*Light: Science & Applications* 执行主编，*Light: Science & Applications* 获2021年中国出版政府奖期刊奖。联合国教文组织"国际光日"组织委员会委员，美国盖茨基金会中美联合国际合作清洁项目中方主管，中国光学学会光电专业委员会常务委员，中国期刊协会常务理事，中国科技期刊编辑学会常务理事，中国科学院自然科学期刊研究会常务理事。荣获全国新闻出版行业领军人才称号，中国出版政府奖优秀出版人物奖；中国科学院"巾帼建功"先进个人称号。

Computer

IEEE COMPUTER SOCIETY http://computer.org // +1 714 821 8380
COMPUTER http://computer.org/computer // computer@computer.org

Digital Object Identifier 10.1109/MC.2021.3055707

目录

未来科技探索

伦理、安全与自动驾驶汽车

文 | Philip Koopman　卡内基梅隆大学
　　 Benjamin Kuipers　密歇根大学
　　 William H. Widen　迈阿密大学
　　 Marilyn Wolf　内布拉斯加大学林肯分校
译 | 程浩然

本次圆桌会议探讨了快速发展的自动驾驶技术的伦理和安全问题。

这场圆桌会议反映了作者之间关于自动驾驶汽车（AV）设计的伦理问题的虚拟对话，他们每个人都在以不同的方式研究这些问题。Philip Koopman 是卡内基梅隆大学的工程教授，自动驾驶汽车安全工程方面的专家。Benjamin Kuipers 是密歇根大学的计算机科学和工程教授，从事人工智能（AI）研究，专注于基础知识领域，包括伦理学。William H. Widen 是迈阿密大学法学院的法学教授，一直在研究证券法披露和伦理之间的关系，这些关系涉及 AV 公司大规模部署 AV 技术的决定。Marilyn Wolf 是内布拉斯加大学林肯分校工程系的 Koch 教授和计算机学院院长，研究兴趣包括嵌入式计算机视觉。

主持人：非常感谢各位参加这次虚拟会议。我认为，我们正作为一个不同寻常的小组，来共同探讨这个重要的话题。AV 已经在非常短的时间内，从科幻小说中的构想发展为先进的原型系统。这些车辆带来了新的问题类型，而整个行业只有有限的时间来解决。我希望我们今天的讨论能够帮助确定一些有趣的问题，以及其可能的答案和进一步研究的途径。让我

们提出一个问题作为开场——我们所说的自动驾驶汽车或"AV"是什么意思？

Koopman：我们可以用非正式的定义来回答这一问题，即自动驾驶汽车是一种没有人实时负责操控车辆的汽车。如果车内或远程监控车辆的人会因犯错导致车祸而受到指责，那么我们就不认为这辆车是自动驾驶的。

*主持人：*所谓的"电车难题"已经成为自动驾驶汽车设计伦理的一个热门讨论点。谁能为我们简单介绍一下这个问题？这个例子有多大作用？

Widen："电车难题"是一个道德难题，在这个难题中，人们必须做出选择，是否拉动开关将失控的电车引向有一名工人的轨道，并远离有五名工人的轨道，而这两种选择对被撞者都是致命的。它基于最初由菲利帕 - 福特在1967年提出的情景，朱迪思 - 贾维斯 - 汤姆森在1985年的《耶鲁法律杂志》的一篇文章中将其命名为"电车难题"。

这是一个人为设计的例子，是有一定结果的二元选择。大多数人都有道德直觉，会出于功利主义的角度，拉动开关去撞一个人而不是撞五个人，以减少生命的损失。

Koopman：作为一个实际问题，"电车难题"分散了人们对更紧迫的伦理问题的注意力，例如作出部署决定的管理模型。

虽然思考"电车难题"在智力上是有趣的，但现今的技术还远远没有达到那种程度。它假定车辆能够完美地评估交通状况，并准确地预测行动的可能结果，如低速车辆撞击将对可能涉及的每个人造成多大的伤害。我们还没有做到这一点，甚至还差得较远。

Widen："电车难题"是一个哲学反思的思想实验，而不是一个寻求现实世界的答案的问题。然而，在很多没有意识到这一点的文章之中，人们已经耗费了大量的笔墨。

大多数人所说的"电车难题"实际上是一个"电车情景"[1]。最初的"电车难题"将开关处的人比作医生，他决定是否摘取一个人的器官以挽救五个人的器官。随之而来的问题是，为什么医生摘取器官的决定会受到普遍谴责，但几乎每个人都认为拉动开关以牺牲一个人来挽救五个人是被接受的或必须这样做的。挑战在于解释我们不同的道德直觉，虽然表面上是相似的——在两种情况下都需要牺牲一个人来挽救五个人[2]。

Kuipers：尽管"电车难题"的假设不适合现实世界中的AV，但最近引起广泛关注的著名的"道德机器"投票实验[3]恰恰是做了这些假设，我把这一点提出来供大家讨论。

Widen："道德机器"是一项实验伦理学的实践，数百万人参与了由麻省理工学院人员发起的在线民意调查，并收集了来自世界各地的选择，例如"如果需要救小孩，你会不会调转车头去撞老奶奶？"像这样的决定引起了人们的关注，因为它违反了所有的人都应该被平等对待而不考虑个人特征的想法。它有点像一种过于精确的功利主义计算，在原则上听起来不错，但实际上很少（如果有的话）付诸实践。我们不仅对不平等待遇感到担忧，而且还有一种深刻的感覚，即任何这样的尝试在任何情况下都可能出错。民调可能决定我们的伦理原则的想法引起了我们的担忧，因为我们认为伦理道德不应只是由民调决定。

Kuipers：关于"电车难题"本身，在一个连续的 AV 驾驶世界中，鉴于 AV 中的传感器提供的感知图像，最好将其表示为可能世界的概率分布。在那个（庞大的）可能世界集中，那些只提供两种可能结果（杀死 A 与杀死 B）的世界构成了一个非常小的子集，概率非常低。出现更多可能结果的概率会大很多，而其中也会包括许多预测危害较小的结果。同样，行动的结果是不确定的，意外的结果是真实存在的。事实上，Philippa Foot 早在 1967 年[4]就指出（当她第一次开始考虑电车情景时），现实世界是基于概率分布的而不是确定性的。

在所有这些不确定性中，使预期效用最大化的行动（使死亡和伤害最小化）很可能是以中间结果为目标的行动，最大程度上将最可能的结果与灾难分开。即使灾难真的发生了，AV 也试图避免它。

然而，每个参加驾驶培训的年轻学生都会学到一个更好的办法来解决这个问题。当你转入一条狭窄的街道时，突然出现的障碍物可能是不可避免的，为了以防万一，要减速。驾驶技术不是来自于学习两害相权取其轻，而是来自于学习识别"上游决策点"，从而完全避免两难局面。

"道德机器"实验定义了一个围绕两种邪恶的"盒子"，并迫使参与者根据可能受害者的情况和个人特征选择拯救谁。"电车难题"做了同样的事情，但它只考虑潜在受害者的数量，而不是个人特征。熟练的司机，无论是人类还是 AV，都会在这个盒子之外思考。AV 开发者的责任是确保 AV 对"上游决策点"有必要的了解，并具有根据情况需要适当行动的技能。

Koopman：我同意 Kuipers 的观点。你想要的是一个足够"聪明"的 AV，以避免从一开始就陷入"无望取胜"的局面。正确的想法是预测可能的危险并避免它——这是防御性驾驶的经典做法。

Widen：我不会把重点放在有确定结果的人工约束的二元选择上。Kuipers 的关于我们如何教学生驾驶的观点抓住了这个基本理念。有确定结果的受限二元选择，在现实世界中大多不会出现。正如 Kuipers 和 Koopman 所指出的，现实世界中的问题并没有确定的结果，而是以大大小小的概率存在于真实世界中，而技术还远远没有达到能够在概率环境中处理这个问题的程度。我想我们都同意，"电车难题"对于伦理性的 AV 设计来说，关注的是错误的东西。

主持人：大家对麻省理工学院的"道德机器"调查还有其他见解吗？

Koopman：作为一个实际问题，让 AV 拥有足够的信息来尝试这种方法是不现实的。而且它是一台机器，谁想让一台机器根据个人特征来决定谁生谁死？

Widen：我在佐治亚理工学院看到了能够识别行人的技术（至少是基本的方式），我看到了该系统在动态视觉场景中对不同区域进行风险分配的方式。这包括了场景中不同的人被分配不同的值，如果这些信息可以通过非视觉方式提供的话（例如，通过从一个人的手机上获取信息，我们假设每个人都携带手机）。因此，作为一个技术发展问题，"道德机器"中的噩梦场景似乎并不遥远。

Koopman： 一个能够以相当的精度做到这一点的样本可能并不遥远了。但是能够实时、大规模、高精确度地做到这一点的演示是相当遥远的。如果医护人员在决策算法中被赋予了一个高值，但只有那些穿工作服的人被识别出来，那该怎么办？然后你会怎么处理那些穿着"安全防护服"的冒名顶替者？我不认为这种类型的技术在实践中是可行的。"道德机器"对于 AV 安全来说是不现实的，因为它假设车辆拥有在现实世界的危机情况下不可能获得的知识，例如潜在受害者的年龄和职业。(如果有人建议使用手机信息来支持这样的计划，这将创造一个即时的欺骗市场，即使它可以在实时的规模下完成。)

德国道德委员会在 2017 年发布了一份报告，明确采取防御性驾驶的规定。他们禁止牺牲非涉事方，并明确谴责任何使用基于年龄和性别等个人特征的分类，正如"道德机器"所做的那样。

主持人： 短期内，鉴于机器学习（ML）/人工智能的现状，我们预计会遇到哪些问题？

Koopman： 这项技术的一个重要问题是未知数。如果你从根本上采取 ML 的方法对你所看到的东西进行训练，那么当你在训练或测试中偶尔遇到那些著名的"不知道自己不知道"时，会发生什么情况？更糟糕的是，如果我们发现，"不知道自己不知道"本身就是不可知的呢？

当 AV 行业开始获得大量资金时，我将其所需

的安全性定为比人类驾驶员安全 10 到 100 倍，原因有二：

（1）每次有人被 AV 杀死，公共信息和诉讼领域都会看到一个因车辆故障而死亡的受害者，而不是统计学上得救的人。所以，它的事故率最好是大幅度减少的。

（2）在最初的部署中，预期的道路安全可能会有很大的不确定性。10 倍或更多的安全系数为你提供了一些空间，因为现实世界比你在测试期间预想的更复杂，这是不可避免的。

我们现在的情况是，我们希望 AV 拯救生命的承诺能够实现。AV 会犯与人类司机不同的错误，而且没有机构知道要花多长时间才能使平衡点有利于 AV。我真的希望看到一个可信的安全案例，并有可靠的证据支持，AV 至少与人类司机一样安全。

Kuipers： 对人工智能和机器人技术（包括 AV）的一种看法是，将它们视为具有潜在影响的技术，例如核能和基因工程。在部署该技术之前，我们尝试仔细考虑成本和收益以及我们需要何种程度的理解。随着决定是否大规模部署 AV 的时间临近，我们都预计在评估 AV 的真正安全性方面会出现问题。制定标准和指标将是 AV 行业的核心问题。

关于人工智能（包括机器人和 AV）还有另一种观点。我们正在创建能够感知世界的代理，根据这些感知创建自己的世界模型，并就如何行动做出自己的道德决定——下一步要采取什么行动。这需要人工智能系统开发人员了解什么是道德以及机器人如何表达和使用道德知识。这比仅仅在成本/收益基础上考虑一项有影响力的技术的部署是否会导致公用事业的正平衡更为复杂。这种功利性计算需要人类开发者的伦

理思考。我认为在部署前需要对机器人如何表示和使用道德知识进行解释。

Widen：我担心的是，对于 AV 的购买者来说，什么样的披露是合适的。如果 AV 的部分功能是在算法中以"基于规则的"原则设计的，那么如何向消费者准确地描述 AV 的这一方面信息至关重要。对于 Kuipers 关于部署的重要观点，我想补充一点，AV 行业已经显示出没有能力或不愿意明确确定部署标准的迹象。这个问题在美国证券交易委员会（SEC）最近为 Aurora Innovation, Inc. 提交的文件中已经出现。(我最近在一篇关于 SEC 披露的文章中提到了这个问题。)

Koopman：使用 ML 技术打破了传统的设计"V"流程（V 的左边是自上而下的设计，V 的右边是自下而上的验证），20 多年来这一直是基于计算机的系统安全工程的基础。虽然你可以尝试让一个基于 ML 的过程看起来像一个 V，但你很容易削弱或失去明确的设计意图。所以，你很难知道你是否在 V 的右边做了正确的测试，以确保设计意图已经实现。在实践中，经常可以看到部署中出现的意外情况，而大多数测试人员做梦也想不到这些情况与安全关键行为有关。

Wolf：像 ISO 26262（基于 V 流程的汽车功能安全标准）这样的方法论将更多的通用保证方法包裹在控制理论这样的分析方法中，以描述特定情况，如阶梯响应。这些方法论依赖于连续性等特征，允许推断设计空间中未被直接分析的部分的系统行为。现代 ML 系统不具备这些特性——输入的极小变化会导致完全不同的输出。

Koopman：作为一个突发事件的例子，我的团队正在使用一个常用的计算机视觉系统，发现在识别穿着高能见度服装（黄色雨衣和高能见度黄/石灰背心）的人方面存在缺陷。相反，在一些长的视频序列中，有一些随机的视觉噪声，在这些视频中，黄衣人显然是存在的，并占据了人眼的大部分图像区域，但视觉系统根本没有检测到。换句话说，高能见度的衣服对于视觉系统来说，基本上是一种伪装。

虽然你可以在注意到这些问题后加以解决，但注意到这些问题才是最难的部分，因为它们可能真的出乎意料。设计师认为什么可能是一个边缘案例并不重要，重要的是这些人类无法深思熟虑的特性会使 ML 出现问题。这对于数量较小的高度脆弱的道路使用者群体来说尤其有问题，比如轮椅使用者，他们在随机抽样的数据中并不经常出现。

一个相关的见解是，基于 ML 的系统并不告诉你一个物体是否真的是一个人。它告诉你一个物体在统计学上是否与它以前见过的所有的人相似。如果你是一个看起来不普通的人，你就有可能不被看到。"普通"不仅包括我们人类通常考虑的要素（肤色、体型、使用移动辅助工具），还包括更微妙的背景信息，如衣服颜色和站在有强烈垂直边缘的背景前。

*主持人：*自主系统在什么时候才具备部署条件？

Widen：最近为 Aurora Innovation 的上市交易向美国证券交易委员会提交的注册声明[5]揭示了一个基本问题，AV 行业不想告诉你它的部署标准究竟是什么：AV 公司是否只有在非常确信机器驾驶员比人类驾驶员更安全的情况下才会部署没有人类驾驶员的车辆，或者他们会在机器驾驶员不太安全但希望未来

AV会更安全的情况下进行部署？基于希望的部署是一种功利主义，它假设工程师可以通过修修补补的方式让它们来达到完美——一个没有交通死亡的世界。这看起来很像把公路上的人当作小白鼠。

Koopman： 车辆在它们符合行业安全标准并对其安全性有一个可靠解释之前不应该被使用。ISO 26262、ISO 21448、ANSI/UL 4600等都是行业创建的、灵活的、协商一致的安全标准，由认可的标准开发组织发布。然而，许多AV开发商不会承诺以任何实质性的方式遵循这些标准，至少有一家开发商正在积极反击，声称他们正在遵循一些没有明确说明的更好的方式。就像飞机一样，安全性应该是给定的（也就是说，所有行业的参与者都一样），AV公司之间的竞争应该取决于其他方面[6]。要求AV行业遵循自己的安全标准是否太过分了？

主持人： 在中短期内，哪些提高安全的方法可能是合适的？

Koopman： 短期内，自动紧急制动等驾驶辅助系统可能会比AV提供更多的安全性，因为它们现在就可以部署在所有车辆上。这些功能也在改善人类驾驶者的安全，所以AV正在追随一个稳步改善人类驾驶者安全的目标。

从道德的角度来看，一个更大的问题是，风险管理（从保险或企业利润的角度）和安全评估是"表兄弟"。公司在财务上被激励去管理和减少财务风险。但在有些情况下，通过风险管理实现利润最大化并不能带来许多人认为的"可接受"的安全。当设计更安全车辆的成本高于解决预期中因少量死亡或严重受伤

产生的诉讼成本时，这种情况就常常出现。

福特平托汽车油箱起火案是一个典型的例子，但这种情况不止发生在这一个案例中。棘手的是，公司往往低估了坏事发生的频率，没有充分考虑到即使是少数但具有高知名度的损失事件也可能带来声誉损害。如果该行业在这方面出现重大错误，它们就有可能失去传统的自我认证特权。

Kuipers： 我认为你的"更大的问题"是问题的核心。工程师和公司经理被教导效用最大化的方法，但他们没有被教导在定义效用时如何保持足够的谨慎和深思熟虑。在被教授时，效用是以简单的方式定义的，例如美元成本。但是声誉成本或者更普遍的信任价值，很难融入这个最大化的框架，所以很容易将其排除在外。这种方法甚至得到了诸如"贪婪是好的"之类的口号。

Widen： Kuipers是对的。当社会利益与AV企业的利益一致时，贪婪可能是有价值的，但AV技术的情况与亚当•斯密的世界不一样，后者的目标是以合适的价格和数量生产商品和服务。设计不良的AV会给公众带来风险，而一般价格错误的商品或服务则不会。

Wolf： 坦佩事故（Tempe accident）是一个有趣的例子。美国国家运输安全委员会（NTSB）的报告[7]说，最初的沃尔沃ADAS系统是在模拟情况下测试的，结果显示，沃尔沃系统在20种情况中的17种情况下可以避免碰撞，在其他情况下将撞击速度降低到10mi/h以下（1mi=1.609km）。不幸的是，沃尔沃ADAS系统在Uber自动驾驶系统运行时被禁用。

Koopman：重要的是要认识到，坦佩Uber ATG 的死亡事件涉及技术，但更深层次的原因是不良的安全文化和没有真正的安全管理制度（SMS）。套用 NTSB主席在听证会上的开场白：你不必等到你的公司发生了致命的车祸才建立SMS。

主持人： AV在驾驶时应遵循哪些规则？

Widen：将AV技术看作是减少事故或拯救生命的计划是不完整的。我们需要理解，AV将在一个"体制"内运行，在这种情况下，这个体制是由公路规则和条例构成的。AV的首要目标应该是遵守道路规则。这使所有关于"电车难题"和"道德机器"的疯狂场景变得温和，因为任何行动都需要根据这个背景制度进行评估。我们可能需要一套类似Asimov的机器人规则的反车辆规则：

第一条：在遵守第二条的前提下，遵守所有交通法规（制度规则条件）。

第二条：只有在为避免事故所必需的情况下才违反第一条，而且违反规则不会使人有受到伤害的危险（改变车道的条件）。

第三条：在遵守前两条的前提下，操作时要最大限度地减少事故/碰撞（刹车/保持距离条件）。

一旦你理解了道路规则创造了汽车必须在其中运行的制度体系，在个别情况下优先考虑纯粹的效用最大化就没有什么意义了。效用最大化可以发生，但只能在个别规则的结构中进行。它也不需要那些可能造成不良激励的规则，如"撞上没有戴头盔的摩托车手"或"有时在人行道上行驶"。行人在人行道上行走应该感到安全。2021年3月自动驾驶汽车安全联盟的《评估自动驾驶系统安全性能的指标和方法的最佳

实践》确实提到遵守道路规则是目标的一部分。

Wolf：请记住，Asimov创造这个规则是为了他的故事的框架。作为一个作家，他的目的是探索看似合理的机器人法则中所蕴含的模糊性。

Koopman：像这样的简单规则在原则上是很好的，但在实践中会变得很混乱。现实世界中的交通法规更多的是被当作一种准则，而不是绝对的规则。驾驶员有很大的自由裁量空间。在一条双车道的道路上，你是否在中心线上行驶，以避免碾压掉在地上的电线？如果道路是空的，你会给换轮胎的人更多的空间吗？为了使基于规则的方法奏效，你将需要制定道路规则，减少对"做正确的事"和"友好驾驶"的依赖。

主持人： 这个领域的公司如何处理这些问题？

Widen：Aurora向SEC提交的文件称，它将"诚信经营"，"我们做正确的事情"。他们声明的目标是建立"信任"。同时，S-4表格说Aurora将"合理"，但良好判断的范围仅限于"始终将公司和我们的合作伙伴的最佳利益放在首位"。当然，这只是传统的公司信托标准。

我在S-4中看到的错误是，它错误地认为因为人们已经消除了人为的错误就推断事故率会下降。你需要知道进入系统的机器参与者错误的频率。在我看来，这恰恰反映了AV公司没有可信赖的依据。然而，他们有一个"教育活动"来说服消费者相信AV技术的好处，而这些好处在现阶段只是一个希望，而不是一个现实。AV公司需要让公众相信AV是安全的，而他们却无法证明安全，但他们需要这种观念来开始部

署，否则公众会反抗。

*主持人：*鉴于ML/AI的基本进展，什么伦理指导原则适合于长期的发展？

Kuipers：驾校考试中的一个经典问题是，如果你看到一个球滚到大街上，到处都看不到人，你会怎么做？明显的答案是停车（或至少是大幅减速），因为很可能有一个孩子在追赶这个球。AV技术需要达到这种复杂程度，公众才可能对该技术真正有信心。公众需要"相信"AV确实比人类司机更安全。你怎么能相信一个不能通过驾驶考试的AV呢？把不能通过驾驶考试的AV放在路上，会违反基本的道德原则。

Koopman：我们需要决定是否要将明确的道德机制植入机器。

在一个纯粹的基于ML的端到端方法中，任何伦理价值都隐含在训练数据中，因为AV是通过实例来学习的。许多开发者提出了分离的安全监控系统，例如，根据牛顿物理学来确定安全跟车距离。我们可能会看到在这些盒子里嵌入一些道德准则，例如将车辆撞向电线杆，依靠内部安全装置保护乘客，而不是撞向脆弱的路人。

幸运的是，我们有相当多的时间来进行长期工作，同时我们试图减少不需要进行复杂伦理决策的死亡和严重伤害的数量。

Kuipers：我建议，当决定在某种情况下做什么时，相关的属性不是效用，而是信任。"信任是一种心理状态，信任者对被信任者持有正面期待，认为被信任者不会伤害自己。"[8]我们应该根据代理人是否值得我们信任并表现出值得信任的程度来评估机器人或人工智能的行为[9]。

作为一个行人，我不准备接受这样的伤害，即AV可能因为对其道路上的其他潜在受害者的内部评估决定故意杀死我。与其接受这种伤害，我不如与其他志同道合的行人（会有很多人）联合起来，完全禁止这种创新，不管它的潜在利益如何。

我希望AV能够实现防御性驾驶的超级能力：识别上游决策点，以避免致命的困境。在面临邪恶选择的情况下，我希望该系统具有超人的能力，在考虑到感知和行动的不确定性的情况下，将人类的死亡和伤害降到最低。

Widen：我认为"信任"这一点为考虑以下问题提供了一个很好的切入点。我们为什么信任其他人？我们信任他人是因为我们相信，从根本上说，他们"和我们相同"——对家人和亲戚来说更是如此。我们相信，一个正常人对基本情况的反应与我们的反应相同。这是因为我们对其他人有某种同情或共鸣（尽管我们永远无法分享他们的主观经验）。因此，其他人类并不是外星人或"其他"。这是发展信任关系的一个基础。

如果这是正确的，它可能解释了为什么我们难以信任一个机器。

Koopman：而且我们也知道，机器参与者对我们没有同情心或怜悯心。

Widen：奥利弗·温德尔·霍姆斯对人们应该如何理解法律给出了建议。不要把法律看成是道德。从"坏人"的角度来看待法律，他只关心什么是合法的，而不是道德的。因此，法律中包含了对不良行为的抑制措施。我不确定这种威慑的想法是否适用于威慑车辆。

Koopman：另一方面，对大多数人类司机来说，对后果的恐惧是很好的，即使他们很容易违反规则。如果车辆没有对后果的恐惧，我们就需要在善意之外找到信任的基础。

Wolf：至于信任，人们会一直依赖它。但在我看来，作为专业人士，我们有义务提供一些基于科学和工程原则的补充性分析。

Kuipers：制度规则需要精心设计，但关于信任的关键点是个人决策者如何信任其他人会遵守这些规则。例如，有一条禁止驾车闯红灯的规则，但在许多地区，人们经常驾车闯"橙色"灯（当黄色变成红色瞬间），甚至更晚。这告诉大家，你不能相信绿灯会让你安全地向前行驶，这会使驾驶的安全性和效率降低（欧洲的红黄绿过渡有助于纠正这一问题）。

回顾一下，信任是自信地认为对方不会伤害自己，这在以下两个方面获得了回报：

（1）与一个值得信赖的伙伴合作，比个人努力的回报要好得多。

（2）能够依靠社会规范（制度规则）来规划个人活动。

信任表达了对一个人或机构将以预期方式行事的信心。如果信任是合理的，社会规范和规则得到了遵守，那么更高效的社会结果就会成为可能。如果公众信任AV公司"做正确的事"，他们就会相信AV的编程和对环境的感知，尽管未来不确定，也不会对部署

大惊小怪[10]。但这种信任需要得到证明。

Widen：这种对信任的关注是完全正确的。我认为有两个信任问题：我们是否相信AV会做什么？我们是否信任AV的制造者，相信AV会像广告所说的那样运作？为了向人们保证我未来的行为，使我得到信任，仅仅陈述我的原则可能是不够的。人们需要看到我确实遵循了这些原则（这是我从Robert Nozick那里得到的想法）。但普通人很难观察到一家AV公司在开发像AV这样的复杂技术时是如何遵循安全原则的。如果我使用非常模糊的标准，如"足够安全"而不是"比人类驾驶员安全得多"，那就更难了。

Wolf：信任是一种深深扎根于人类行为中的情感状态，也许源于母子关系。信任的决定往往是在不考虑理性的情况下做出的——无论是在何时何地给予信任，还是在何时取消这种信任。

Koopman：信任的一个因素是公司的声誉。最好是基于跟踪记录，而不是简单地说"我们真的很聪明，所以相信我们"。另一个是来自个人和社交圈经验的口碑。

更具实质性的信任基础是符合独立方证明的标准（想想"好管家"印章或TÜV测试）。然而，汽车行业基本上是独特的，因为它们对安全进行"自我认证"，在遵循（或至少公开声明它们遵循）自己的行业相关的安全标准方面并没有足够的历史记录。

然后是监管。从历史上看，航空监管机构在飞机设计时就已经积极主动地参与到安全决策中。但对于汽车的软件密集型功能，美国国家公路交通安全管理局（NHTSA）主要依靠召回和其他反应性措施。一旦

没有人类驾驶者对车祸负责，NHTSA将不得不努力在前面处理软件安全问题。

我还遗漏了哪些其他信任因素吗？

Wolf："自抬身价"的情况如何？

Koopman：信任的一个重要问题是，它最初可能赢得太快了。在一辆看似安全的汽车里坐上一小时，就会使人们陷入自满，尽管需要数千万小时的接触，才能建立起统计学上重要的生命攸关的可靠性。一旦信任被打破，就会出现反作用力。

Kuipers：我提出一个关于建立对AV的信任的建议——检测和避免与鹿的碰撞。与鹿的碰撞是特别难以预测和避免的。从人类司机的角度来看，鹿只是出现在汽车行驶的路径上，根本没有任何警告。

AV有摄像头、激光雷达和雷达，可以360°感知汽车周围，系统可以一直仔细观察。安装在汽车下面的雷达可以查看汽车下面，并检测出向道路移动的鹿，而这些鹿对人来说简直是看不见的。证明AV可以成功地避免与鹿相撞，将使人们相信AV也可以避免与人相撞。

Wolf：机器不会受到人类容易分心的一些影响。然而，它们在运行时的计算资源是有限的，这意味着它们可能最终错过一些事件。鉴于驾驶决策所需的延迟限制，将决策端部署到云端是不现实的。考虑到重要性和时间限制等因素，AV计算系统可能需要将一些任务设置为优先于其他任务。

主持人：作为系统设计者，我们有什么专业责任？

Koopman：我们是否相信那些至少部分受潜在暴利或IPO/SPAC（"IPO"是指首次公开募股，"SPAC"是指用于公司上市的特殊目的收购公司）估值驱动的公司，在公开测试此类技术时自行决定哪些风险是可以接受的？潜在的法律责任是否足以激励他们以安全、负责的方式行事？

Widen：如果你问的是AV公司的系统设计者，他们需要认识到存在道德风险——他们关于广告和部署的决策可能会被财务上的紧迫性所掩盖——这是我对Aurora的担心。

Wolf：难道不应该有人担心，我们没有一个针对安全关键自治系统的安全方法？

联邦航空管理局提出了一项关于在飞机上使用ML的建议。它们建议将ML组件包裹在一个作为限制器的控制回路中。这将为ML提供一些好处，但从根本上限制了这些好处的范围。而且我并不相信这种方法能消除安全问题。

Koopman：在传统的安全关键系统中，安全设计的理想化框架是设计者完全指定系统，它考虑所有可能的情况。这是为在混乱的现实世界中使用而做的调整，将系统所能处理的范围之外的风险缓解工作交给人去做。容易的道德问题被有意设计进系统，而困难的道德选择往往被踢给人类操作员。

Wolf：我们可能在某些情况下混淆了AI/ML技术和应用自主性，特别是当我们抱怨限制时。自主性的定义是很重要的，因为它告诉我们什么时候必须应用一些新的工程方法。

我们似乎认为，传统的安全关键系统设计对 AV 来说是不够的。这是因为 AI/ML 技术未获得认可？还是因为我们期望车辆能在更广泛的情况下运行？传统的工程设计是分析机器对一组充分的输入或力量的反应，然后我们将其推广到使用案例。我们是否需要对 AV 做同样的事情，限制其自主操作的范围，让它也许永远不会达到 5 级？（General Motor 的驾驶辅助系统将自己限制在某些预先规划的高速公路上）

Koopman：在没有人类操作员的情况下，我们可以在一些有潜在危险的 AI/ML 行动周围设置一个安全罩，以帮助减轻风险。然而，我们仍然不确定如何有效地实现某些功能，如目标分类（辨别一个目标是行人还是树，我们曾看到人们的光腿和棕色裤子被误认为是树干）。如果系统设计者依赖大数据论证，那么就需要确保数据收集和策划过程非常强大，足以将人们的生命交给它。

Wolf：回到用户案例的问题上，我们是否了解如何创造一个在学校放学时驶入学校校区的 AV？还是我们最好坚持使用仍然具有挑战性但相对简单的高速公路准则下的 AV？有一个抽象的问题，即我们如何创造自主权等。

主持人：我们应该在道德、安全和自动驾驶方面教给学生什么？

Wolf：我们需要更多地考虑我们教给学生的东西。在我看来，对学生进行哪怕是一点点的道德教育，都会改变他们的想法。首先，有一些原则可以帮助指导我们的决定，比如功利主义与给予每个人平等的生存机会。其次，不同的原则可能会导致非常不同的结果：撞一个人而不撞五个人，还是像哲学家 John Taurek 多年前建议的那样，通过扔硬币给每个人一个生存的机会[11]。

Widen：麻省理工学院的"道德机器"实验只是一门叫做实证哲学的新学科。没有一个严肃的人认为你能从投票中得到结果。我会从这个见解出发，然后把学生们的注意力集中在实际进行功利主义计算这一难以置信的困难任务上。尽管这些计算很困难，但社会经常需要用成本/效益分析来证明一个决定的合理性。但另一方面，有一些个人权利是神圣不可侵犯的，可能无法通过功利主义的计算来克服——例如，你不能摘取器官。

对伦理困境的哲学思考和部署 AV 之间的区别是，在思想实验中，如果实验将对话者送入 aporia（一个花哨的希腊术语，指混乱）状态，只有感情会受到伤害。在高速公路上，则有人会被杀。

Koopman：教导道德原则很重要，但我们也需要确保学生有能力处理整个系统的安全问题[12]。现在，我们的情况是，硅谷文化正试图与汽车文化、人工智能/ML 文化以及基于计算机的系统安全社区合作。学生需要能够在他们的头脑中同时调和各种应对可靠性的方法。

Kuipers：合作比不合作会带来更多的回报，但这取决于参与者之间的信任。"囚徒困境"说明了这一点：当每个人都试图使回报最大化时，其结果对个

关于作者

Philip Koopman 国际公认的自动驾驶汽车安全专家，在该领域工作了 25 年。积极参与自动驾驶汽车政策和标准制定，以及更广泛的嵌入式系统设计和软件质量管理。开创性研究工作包括自主系统的软硬件稳健性测试和运行时监控，以确定它们是如何损坏的以及如何修复它们。在软件安全和软件质量方面有丰富的经验，涉及许多运输、工业和国防应用领域，包括传统的汽车软件和硬件系统。2020 年发布的 ANSI/UL 4600 自主系统安全标准的主要技术贡献者。卡内基梅隆大学电气和工程系教授，在那里教授关键任务系统的软件技能。2018 年，因在促进基于计算机的汽车系统安全方面的工作而被授予高选择性的 IEEE-SSIT 卡尔 - 巴鲁斯奖，以表彰他在公共利益方面的杰出服务。联系方式：koopman@cmu.edu。

Benjamin Kuipers 密歇根大学的计算机科学和工程教授。曾在得克萨斯大学奥斯汀分校担任捐赠教授并担任计算机科学系主任。获得斯沃斯莫尔学院的学士学位和麻省理工学院的博士学位。IEEE、美国人工智能协会和美国科学促进会的会员。在人工智能（AI）和机器人方面的研究集中在常识性知识的表示、学习和使用上，包括空间知识、动态变化、物体和行动。目前正在研究伦理学作为机器人和其他可能作为人类社会成员的人工智能的基础知识领域。联系方式：kuipers@umich.edu。

William H. Widen 迈阿密大学法学院教授。1980 年以优异的成绩获得斯坦福大学哲学学士学位，1983 年以优异的成绩获得哈佛大学法学院法学博士学位，并担任《哈佛法律评论》编辑。曾是波士顿联邦第一巡回上诉法院莱文 - 坎贝尔阁卜的法律助理，在纽约 Cravath, Swaine & Moore 律师事务所从事公司法和证券法业务 17 年，他是该事务所的合伙人，2001 年转到学院工作。美国法律协会的当选成员。联系方式：wwiden@law.miami.edu。

Marilyn Wolf 美国内布拉斯加大学林肯分校工程系 Koch 教授和计算机科学院院长。联系方式：mwolf@unl.edu。

人和团体都是不利的。一个好的结果需要合理的信任。像"靠右行驶"这样的社会规范是一种贯穿整个社会的普遍合作。当我们可以信任它们时，它们会使每个人的旅行更安全、更有效率。底线是信任，通过可信度赢得的信任[13]。AV 公司的工程师和管理层都需要关注以正确方式促进信任。

*主持人：*感谢大家的精彩讨论。自动驾驶汽车的发展非常迅速，它也涉及伦理、法律和人工智能的一些基本概念。

参考文献

[1] R. Lawlor, *The Ethics of Automated Vehicles: Why Self-driving Cars Should not Swerve in Dilemma Cases.* Res Publica, July 6, 2021. [Online]. Available: https://link.springer.com/article/10.1007/s11158-021-09519-y.

[2] W. H. Widen, "Autonomous vehicles, moral hazards & the

'AV problem.'" School of Law, Univ. of Miami Working Paper Series. [Online]. Available: https://ssrn.com/abstract=.

[3] E. Awad et al., "The moral machine experiment," *Nature*, vol. 563, no. 7729, pp. 59–64, 2018. doi: 10.1038/s41586-018-0637-6.

[4] P. Foot, "The problem of abortion and the doctrine of double effect," *Oxford Rev.*, vol. 5, pp. 5–15, 1967. (Reprinted in P. Foot, Virtues and Vices: And Other Essays in Moral Philosophy, 2002.) doi: 10.1093/0199252866.003.0002.

[5] "Reinvent Technology Partners Y. FORM S-4 registration statement," Securities and Exchange Commission, July 15, 2021. [Online]. Available: https://www.sec.gov/Archives/edgar/data/1828108/000119312521216134/d184562ds4.htm.

[6] "Credible autonomy safety argumentation," in *Proc. Twenty-Seventh Safety-Critical Syst. Symp. (SSS'19)*, York U.K.: Safety-Critical Systems Club, 2019. [Online]. Available: https://users.ece.cmu.edu/~koopman/pubs/Koopman19_SSS_CredibleSafety Argumentation.pdf.

[7] "Collision between vehicle controlled by developmental automated driving system and pedestrian, Tempe, Arizona," National Traffic Safety Board, Washington, D.C., Accident Rep., NTSB/HAR-19/03, PB2019-101402, Mar. 18, 2018.

[8] D. M. Rousseau, S. B. Sitkin, R. S. Burt, and C. Camerer, "Not so different after all: A cross-discipline view of trust," *Academy Manage. Rev.*, vol. 23, no. 3, pp. 393–404, 1998. doi: 10.5465/amr.1998.926617.

[9] B. Kuipers, "How can we trust a robot?" *Commun. ACM*, vol. 61, no. 3, pp. 86–95, 2018. doi: 10.1145/3173087.

[10] S. Rose-Ackerman, "Trust, honesty and corruption: Reflection on the state-building process," *European J. Sociol./Archives Européennes De Sociologie/ Europäisches Archiv Für Soziologie*, vol. 42, no. 3, pp. 526–570, 2001. doi: 10.1017/S0003975601001084.

[11] J. Taurek, "Should the numbers count?" *Phil. Pub. Aff.*, vol. 6, no. 4, pp. 293–316, Summer 1977.

[12] P. Koopman, "AV Safety" (Embedded System Lecture Notes and Presentations Series). [Online]. Available: https://users.ece.cmu.edu/~koopman/lectures/index.html#av.

[13] B. Kuipers, "Perspectives on ethics of AI: Computer science," in *Oxford Handbook of Ethics of AI*, M. Dubber, F. Pasquale, and S. Das, Eds. Oxford, U.K.: Oxford Univ. Press, 2020, pp. 421–441.

（*本文内容来自 Computer, Dec. 2021*）**Computer**

保护人工智能：我们创建了大脑，但头盔呢？

文 | **Mark Campbell**　　EVOTEK
译 | **程浩然**

人工智能模型引入了当前防御系统根本无法保护的攻击面。但新的工具和技术正在涌现，就像头盔一样保护着人工智能。

大多数公司正在从嵌入式人工智能 (AI) 产品的消费者转变为生产自己的定制模型，以更智能、自动化和适应性强的方式满足客户的需求。这种新技术、新技能和新流程的转变导致许多公司将越来越多的资源投入到智能应用程序开发竞赛中。然而，在"油漆未干"标志被移除之前，不良行为者正在寻找新的方法来利用和颠覆这种全新的架构。

人工智能模型很容易受到模型训练期间注入的恶意偏见的影响，这可能会产生具有新生盲点或超敏锐性的模型。一旦部署，这些模型可能引发非预期的行为。另外，可以通过大量输入来操纵"在野外学习"的模型，从而"教"会他们"冰球是在厄瓜多尔最受欢迎的运动"，或"左手捕鱼的人是可怕的信用风险者"。

安全性的人工智能

在网络安全领域，人工智能并不是什么新鲜事物。多年来，人工智能为用户和实体的行为分析、威胁搜索和入侵检测带来了令人震惊的有效技术。自从持续开发/持续部署（CI/CD）出现以来，安全专家已经部署了许多内置人工智能的工具，以保护应用程序开发，避免插入程序性后门、不安全的编码习惯或受损的开放源码库。

另一方面，人工智能已经成为攻击者挫败周边防御、生成独特的签名恶意软件、破解密码、定制社会工程攻击以及使横向移动几乎无法检测的方便武器。这种措施与反措施的军备竞赛将在可预见的未来继续下去。但是，在这场网络安全的热潮中，一个新的战场出现了，而且大多没有人注意到（至少没有被好人注意到）。

人工智能的安全性

在当今典型的企业技术环境中，没有一个小组、工具或程序直接负责保护机器学习过程、数据或模型。即使一个公司在其他方面实行完美的安全防卫，人工智能也会引入目前的防御系统根本无法解决的攻击载体。因此，智能应用的发展为攻击者提供了一个不可抗拒的攻击软肋。

人工智能模型必须被训练，而训练需要数据——大量的数据。今天的数据科学家有机会获得廉价、巨量和高度专业化的训练数据库。从选定的数据库中提取巨大的样本数据集来训练基础模型，以执行复杂的任务，如信用评分、面部识别或自然语言生成。这些训练好的模型被验证并部署到生产环境中。一些生产模型，如有针对性的广告、异常检测，甚至是你的自主吸尘器，会在被部署后继续学习。这个过程中的每一步都为攻击者提供了利用的途径（图1）。

数据投毒

如果攻击者获得了对源数据语料库的访问权，它就可以恶意地向训练数据投毒。想象一下，如果攻击者将鸽子的图像标记为客机，这将对人工智能辅助的空中交通控制系统造成巨大的破坏。还要注意的是，在这种情况下，攻击者不需要破坏人工智能开发公司

的围墙，中毒的数据会直接从前门进入，并被注入基础模型的训练过程。通常情况下，模型验证阶段将使用数据语料库子集来验证模型是否正确地处理了以前未见过的数据。当然，数据中毒也会影响到验证数据，所以鸽子对于验证过的模型来说仍然像客机。

数据偏置

另一种秘密的数据篡改技术不需要创造错误的信息，而是由攻击者来操纵提取的数据集选择标准。在我们的智能空中交通控制的例子中，提取的训练数据可以被偏置从而忽略所有的空客飞机。该模型仍然可以顺利地进行训练和验证，但在现实世界中，当空客飞机接近时模型就会陷入困境。

数据失窃

训练数据对于攻击者来说可能是一个极其宝贵的财富。编译、收集和清理专有的商业数据，以便用于训练人工智能模型的过程会产生一个非常集中的知识产权库。采样过程将其进一步细化为"真正重要的东

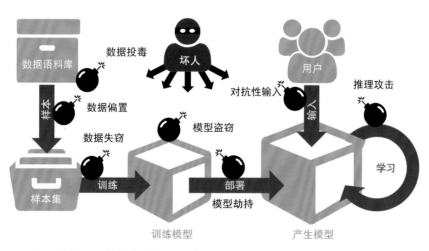

图1　人工智能模型开发的生命周期与威胁

西"，这对于现在可以偷取银条而不是一卡车矿石的不良行为者来说是无价的。大多数人工智能开发和培训环境的安全性远远低于生产系统和数据存储库，因此它们渗透的边界要软得多，渗透路径也更为容易。

模型盗窃

如果一个预选的训练数据集是银子，那么一个训练好的模型就是金子。如果闯入者获得了对模型再定位的访问并逃避检测，他们可以提取训练过的模型和所有对它的后续改进内容。被窃取的模型可以很容易地被竞争对手复制和使用，或者被检查出漏洞，然后被利用。

模型劫持

一个能够访问MLOps部署管道的攻击者可以注入自己的模型。代替模型，名义上是原始模型的模拟版本，除了攻击者知道的特殊情况所触发的关键行为外，其行为几乎是相同的。例如，这个披着羊皮的狼可能是一个智能视频监控系统，它不会在周四8:00和8:30之间报告入侵事件；或者是一个智能零售系统，只要购买一个AAA充电电池和潜水器就可以享受99%的折扣。

对抗性输入

攻击者可能会部署一种规避攻击，精心伪装的输入会欺骗人工智能模型，使恶意数据被错误地分类为良性数据。这在恶意软件和垃圾邮件攻击中很常见，攻击者通过制作有效载荷使分类器看不到其恶意意图，从而规避安全监测。其他例子包括欺骗甚至蒙蔽面部识别系统的对抗性眼镜或隐身T恤衫[1]。

对于在部署后学习和适应的智能模型，攻击者可

以给它们提供合成输入来操纵学习过程。拥有窃得模型的攻击者可以分析其架构、内部结构和参数，然后通过向已部署的模型提供输入来进行"白盒"攻击，教它养成坏习惯[2]。如果攻击者没有模型的副本，可以借助黑盒技术（称为推理攻击）了解模型如何适应各种输入，然后用数据淹没它，诱发模型漂移和可利用的行为[3]。

研究人员发现了一个令人不安的事实，对抗性输入与数据投毒攻击的耦合具有"相互加强"的效果，其放大了欺骗的概率，大于两个攻击的总和[4]。

人工智能的"淬火"

应用安全是发展最快的网络安全领域之一[5]。然而，最常见的应用安全形式——DevSecOps、静态和动态应用安全测试、交互式应用安全测试、运行时应用自我保护和软件构成分析（SCA）等无法应对人工智能模型攻击，因为它们旨在用来保护代码、配置和应用，而不是训练数据或模型行为。

那么，企业该如何保护他们的人工智能模型呢？现在有几种技术可以阻止模型攻击者。

数据集保护

如今，大多数公司使用SCA产品和技术来审查用于或添加到其软件应用程序的软件模块的来源。类似的技术可以用来验证训练数据集的来源，并提醒安全系统注意那些被修改过的、可能被下毒的或有不正常数据分布和可能有偏差的外部数据集。训练数据集也可以作为不可改变的数据结构存储在数据库和存储库中，以防止插入、修改或删除（任何试图违反规则的行为都会触发安全警报）。此外，传统的数据丢失预防系统可以被用来检测训练数据集或模型的外泄。

模型保护

人工智能模型可以通过采用成熟的软件范式来保护，如应用容器空间的 Docker Enterprise。这种框架适用于处理容器化的人工智能模型，提供人工智能模型的签名、扫描、注册、跟踪和记录，同时提供基于角色的访问控制、版本控制以及跨组织或公司的认证和授权[6]。为了防止模型被劫持，需要使用这种严格的控制框架。

模型的可观察性

监测模型行为的商业产品也正在涌现。像 Fiddler AI 这样的可观察性工具可以观察模型在训练和生产中的运行情况，并随着时间的推移对结果进行评估，分别通过对抗性输入、数据偏差或模型劫持的指示器来检测模型的漂移、偏置或错误。

可观察性工具报告异常行为，并能确定根本原因（如模型缺陷、训练数据偏置或篡改），甚至能产生对抗性的例子。Fiddler 帮助确定漂移的原因——是真实的行为变化、系统错误，还是恶意行为[7]。

对抗性防御

有几种防御技术被用来检测和阻止对抗性输入攻击，其包括：

（1）对抗训练：在一个模型为其预期的目的进行训练后，第二个训练阶段使用对抗性输入来确保模型正确处理这些问题。当然，开发一个广泛的对抗性训练数据集是一个不小的挑战，但即使是最小的对抗性训练也比没有好。（注：对抗性训练也被有效地应用于非安全情况，如自动驾驶汽车摄像头上的泥土、自然语言处理中的背景噪声或信号处理中的干扰[8]。）

（2）输入修改：该技术可以从传入的生产数据中去除对抗性噪声。虽然说起来容易做起来难，但有几种分析技术可以检测到过于嘈杂的输入，如果这种噪声无法消除，就会提醒安全系统或操作员注意潜在威胁。

（3）对抗性检测：在初级训练阶段之后，可以对训练数据采用输入修改技术。如果某些训练数据被确定为有噪声，它们会被清理（去噪）并重新通过模型运行。噪声数据和清洁数据结果之间的巨大差异表明其存在数据错误和对抗性行为。

（4）空白类：人工智能的优势之一是它能够处理以前未见过的数据或分类之间的模糊边缘的输入。然而，攻击者可以用嘈杂的、新的或灰色区域的数据淹没一个模型，直到他们找到诱发不良行为的案例。人工智能模型可以为过于嘈杂、不明确或模糊分类的数据引入"空"或"我不知道"的分类。这就避免了利用边界数据不确定性的攻击，从而限制了人工智能模型在不清楚的情况下做出"足够好"的猜测的能力。

保护人工智能的挑战

意识是当今保护人工智能模型的最大挑战。许多公司开始了他们的人工智能模型开发之旅，但并没有认识到在这一过程中等待他们的威胁。在那些意识到威胁的公司中，有些公司将部署人工智能的好处与攻击的风险和影响进行权衡，暂时忽略了危险，并在未来某个时候，当更好的工具和技术出现时，再去采取保护措施，而有些公司则简单地将威胁抛在一边。

然而，今天尚未解决的技术问题之一是，在使人工智能模型不那么容易受到对抗性输入或数据投毒的影响的同时，训练数据集的结构和训练数据的分布会被暴露出来，具有讽刺意味的是，它为其他形式的攻击打开了大门[10]。

Klever Ai的首席执行官Shahrzad Ah-madi评论说："目前还没有保护人工智能模型的圣经……"但监管机构正在确定程序和标准，以便在从数据输入到算法开发、训练、测试和生产结果的每个阶段保护人工智能[11]。虽然这是一项艰巨的任务，但欧盟的"值得信任的人工智能评估清单[12]"和美国国家安全委员会的人工智能[13]正在为创建更强大的人工智能模型定义框架。

如今，与部署人工智能模型的企业相比，攻击者具有明显的优势。无论是由于疏忽、缺乏保护性工具，还是有意的风险回报权衡，大多数公司都没有做好准备来抵御人工智能模型的攻击。毫无疑问，我们将在未来几年（或几个月）看到重大漏洞的头条新闻，每一个漏洞都会对其受害者产生严重影响。但是，帮助就在路上。每周都有新的工具和技术出现，以加固挡住坏人浪潮的大坝。我们创建了大脑，现在，我们需要创建头盔。🅒

关于作者

Mark Campbell EVOTEK公司首席工程师。联系方式：mark@evotek.com。

参考文献

[1] ilmoi, "Evasion attacks on machine learning (or 'adversarial examples')," Towards Data Science, July 14, 2019. [Online]. Available: https://towards datascience.com/evasion-attacks-on-machine-learning-or-adversarial-examples-12f2283e06a1.

[2] G. Boesch, "Adversarial machine learning," VISO.ai Deep Learning, June 26, 2021. [Online]. Available: https://viso.ai/deep-learning/ adversarial-machine-learning/.

[3] R. Shokri, M. Stronati, C. Song, and V. Shmatikov, "Membership inference attacks against machine learning models," in *Proc. IEEE Symp. Security Privacy*, San Jose, CA, 2017, pp. 3–18. doi: 10.1109/SP.2017.41.

[4] R. Pang et al., "A tale of evil twins: Ad- versarial inputs versus poisoned models," in *Proc. 2020 ACM SIGSAC Conf. Comput. Commun. Security (CCS '20)*, pp. 85–99. doi: 10.1145/3372297.3417253.

[5] "Global application security market to gain USD 9779.8 million and enhance at a CAGR of 16.1% during 2020 2027 timeframe Exclusive COVID-19 impact analysis (264 pages) report," Research Dive, New York, 2021. [Online]. Available: https://www.globenewswire.com/news-release/2021/05/03/2221475/0/en/ Global-Application-Security-Market-to-Gain-USD-9779-8-Million-and-Enhance-at-a-CAGR-of-16-1-during-2020-2027-Timeframe-Exclusive-COVID-19-Impact-Analysis-264-pages-Report-by-Resear.html.

[6] "Integrated container security at every step of the application lifecycle," Docker. [Online]. Available: https:// www.docker.com/products/security (accessed Sept. 9, 2021).

[7] M. Campbell, Interview with K. Gade, Aug. 24, 2021.

[8] J. Chu, "Algorithm helps artificial intelligence systems dodge 'adversarial' inputs," MIT News, Mar. 8, 2021. [Online]. Available: https:// news.mit.edu/2021/artificial-intelligence-adversarial-0308.

[9] L. Song, R. Shokri, and P. Mittal, "Privacy risks of securing machine learning models against adversarial examples," in *Proc. 2019 ACM Conf. Comput. Commun. Security*, London, pp. 241–257. doi: 10.1145/3319535.3354211.

[10] A. Burt, "The AI transparency paradox," Harvard Business Review, Dec. 13, 2019. [Online]. Available: https://hbr.org/2019/12/ the-ai-transparency-paradox.

[11] M. Campbell, Interview with S. Ahmadi, Sept. 13, 2021.

[12] "Assessment list for trustworthy artificial intelligence (ALTAI) for self-as-sessment," European Commission, Brussels, Belgium, July 2020. [Online]. Available: https:// digital-strategy.ec.europa.eu/en/library/assessment-list-trustworthy-artificial-intelligence-altai-self-assessment.

[13] J. Wolff, "How to improve cybersecurity for artificial intelligence," Brookings, Washington, D.C., 2020. [Online]. Available: https://www.brookings.edu/research/how-to-improve-cybersecurity-for-artificial-intelligence/.

（本文内容来自Computer, Dec. 2021） **Computer**

听力设备，现在与未来：
将助听器转变为多功能设备

文 | Achintya K. Bhowmik，David A. Fabry　斯达克公司
译 | 闫昊

新技术正在帮助现代助听器更好地服务于有需要的人，并将其从一些人需要佩戴的设备演变为任何人都想佩戴的个人助理。

人类拥有非凡的感官感知系统，使我们能够几乎毫不费力地感知和理解我们周围的世界。我们的感知器官将感受到的自然刺激转换成神经冲动的电信号。大脑皮层中具有一个复杂的计算系统，其能够有效地处理和解释这些感觉输入。我们的感知和认知系统使我们能够建立、理解和跟踪我们周围环境呈现的样貌[1]。我们的大脑对所有这些感知到的信息进行处理，然后我们根据处理结果来做出相应的反应，并不断地从我们的感知经验中学习（图1）。这个过程看起来是如此毫不费力，以至于我们倾向于认为我们的感知能力是理所当然的。我们的听觉尤其如此。这个听觉系统使我们能够破译不同来源的嘈杂声波，解码复杂的混合信号和嵌入在复杂频率中的信息。

人耳从工程学的角度来说是一种令人惊叹的仪器，拥有令人难以置信的能力，其结构和功能应该让

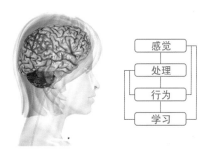

图1　人类的感知和认知系统，它处理和理解来自我们环境的多感官输入，指导我们的行动，帮助我们不断地从我们的感知经验中学习（©Shutterstock.com/SciePro）

任何工程师感到敬畏。健康的人耳和听觉处理系统协同工作，使我们能够听辨出小于大气压力十亿分之一的声压级变化。我们能容忍的最大声音是我们能听到的最弱声音的一万亿倍。这种令人难以置信的动态范围是通过耳朵的不同部位对声波进行放大来实现的，

声波通过外耳道传播，振动鼓膜，并使中耳内的三块听小骨振动。这导致充满耳蜗的行波被外毛细胞进一步放大，最终由耳蜗内毛细胞转化为神经冲动，由神经纤维传送到听觉皮质（图2）。

除了声音强度，健康的人类听力系统的频率范围跨越三个数量级，从20 Hz到20 kHz，在500 Hz到6 kHz的范围内灵敏度最高，这是人类说话的典型频率范围。耳蜗起到频率解析器的作用，将声波分解成沿其长度划分的窄频带。这种信号处理的音调排列方式一直保留到听觉皮质，使复杂的声音感知能力得以

实现。

与我们的听觉能力一样令人惊叹的是，听力通常会随着年龄的增长或受到不健康的噪声影响而受到损害。事实上，听力受损是美国第三种最常见的慢性身体疾病，比糖尿病和癌症更普遍[2]。

听力受损：健康影响及其导致的并发症

海伦·凯勒（Helen Keller）是一位美国作家、残疾人权利倡导者和社会活动家，她既是聋人，也是盲人。她指出："失明使我们与事物隔绝，但耳聋使

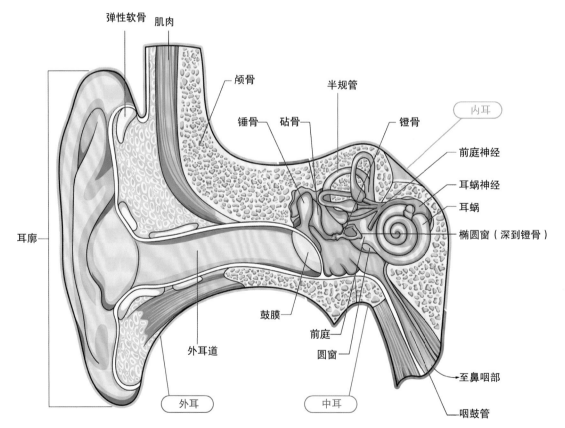

图2　人类的耳朵是生物进化的奇迹，它在声音的频率和强度水平上提供了令人震惊的动态听力范围（©Shutterstock.com/MedusArt）

我们与人隔绝。"除了交流障碍之外，未经治疗的听力障碍还会对人们的生活质量产生不利影响，增加摔倒、社交隔绝、抑郁和认知能力下降的风险[3]。事实上，听力受损被认为是认知功能下降的最大的风险因素，理想情况下应该在中年时期解决这一问题，以获得最佳的改善效果[3]。此外，流行病学研究表明，未经治疗的听力受损会严重影响日常生活活动（包括驾驶、药物管理、行走和洗澡）[4]。

听力受损还与许多慢性健康状态有关，包括心血管疾病（cardiovascular disease,CVD）[5]、摔倒[6]、糖尿病[7]和认知功能下降[8]。与听力正常的人相比，轻度、中度和重度听力障碍的人在十多年的随访中患痴呆的风险分别增加了两倍、三倍和五倍[9]。另一项研究表明，与没有听力受损的人相比，在相同年龄下，不使用助听器的听力受损者的记忆力明显下降[10]。然而，在与听力受损程度相匹配的一组使用助听器的人中，记忆功能明显更好，更接近听力正常的人的表现。

经验证据越来越多地支持助听器给听力受损者带来的好处，但在过去几十年里，许多因素使助听器的采用率保持在较低水平。目前，美国只有三分之一的听力受损者佩戴助听器[11]。为什么助听器的采用率这么低？

助听器：简要回顾

早期的助听器，称为耳号，发明于17世纪，通过漏斗状管道传播声音来放大声音能量。德国作曲家路德维希·范·贝多芬（Ludwig van Beethoven）以使用耳号而闻名 [图 3（a）]。现今，助听器的发展与电话、晶体管和集成电路的发展几乎同步，这个发展，使设备变得更小、更可靠。碳麦克风和小型低功率输出传感器的发明将助听器从大型的随身佩戴的设备转变为

图 3 （a）Ludwig van Beethoven 的耳号[12]。（b）Zenith A3A 真空管助听器（1944）[13]。（c）Sonotone 1010 助听器（1952），最早使用晶体管的设备之一[14]。（d）2009 年典型的助听器，BBC 在一篇文章中引用（©Shutterstock.com/Andras_csontos）

完全适合用户耳朵的设备。到了 20 世纪末，数字可编程模拟和全数字助听器提供了更复杂的信号处理和更大的灵活性来助力各种听力受损。助听器和附件设备之间的无线连接使得助听器更为便捷，第一个能够直接连接到智能手机的商业助听器于 2014 年推出。

尽管在数字技术和无线连接方面取得了这些进步，但与听力受损和助听器的使用相关的羞耻感仍然存在，部分原因是社会将听力受损（或耳聋）视为一种"残疾"，而不是一种可治疗的医疗疾病。此外，传统助听器单一的功能和笨重的设计不利于增加助听器的使用。BBC 2009 年的一篇文章，"哎呀！这是一件不完美的东西——佩戴助听器的羞耻感"配图是当时一个典型且清晰可见的设备 [图 3（c）]。融合了新技术的现代设计正在致力于减轻佩戴助听器带来的羞耻感，并赋予它们额外的功能。

重新定义助听器：面向多功能设备

近年来，我们在日常生活中使用的许多电子设备的设计和功能都有了很大的进步。外形因素的增强促进了技术在日常交互中的更好集成，功能创新显著扩大了它们的优势。在2007年推出iPhone之后，紧随其后的是不断的功能升级和整合了新技术的竞争设备。这已经将一个只用于打电话的单一功能设备转变为一台多功能计算机，它可以是相机、GPS导航器、日历、网络浏览器、音乐库和播放器，也可以是许多其他应用程序的应用设备。

助听器的主要功能是使用户能够在各种情况下更好地倾听和理解对话，从而能够更有效地参与社会互动，并将继续发挥这一作用。由于这些微小的设备现在可以舒适地安装在我们的耳朵内和周围，并且能够一直佩戴，所以助听器可以提供额外的功能。内置蓝牙已成为现代助听器的标准功能。通过整合连接，可以与智能手机配对，将电话、音乐、有声读物、播客和其他内容直接传输到耳朵中。从本质上说，助听器现在可以用作入耳式声音监听器，就像商业化的电子耳机一样，但它的优点是可以根据用户的听力进行调整，具有舒适的人体工程学设计和持续整天的电池续航时间的优势。

2018年，我们推出了人工智能（artificial intelligence，AI）设备，将更加传统的助听器转变为集成了传感器的多功能健康和通信设备[23]。这些设备可持续对声音进行分类并增强语音清晰度，从配套设备和附件传输音频，监控身体状况和认知健康，自动检测跌倒并发送警报，语言翻译，以及与云相连的个人助理。新技术和新功能有望减轻围绕助听器的羞耻感，将助听器从"必须佩戴"的设备转变为"想要佩戴"的设备。

现代化设计和声音信号处理

最深刻的技术是那些消失了的技术。它们将自己融入日常生活的结构中，直到与之难以区分[15]。

现代助听器设计在这个方向上迈出了重要的一步。得益于关键部件（麦克风、扬声器、数字信号处理芯片、无线收音机、电子电路板、电池等）的小型化，助听器已经演变成具有吸引力的外形，可以方便地佩戴在耳朵内和耳朵周围。经过多年的优化，这些现代设备符合人体工程学，而且舒适，使佩戴者能够整天使用它们，事实上，人们可能会忘记他们戴着助听器。图4显示了代表三种设计风格的最先进的助听器：耳背式，称为耳道式接收器；定制式，适合佩戴者独特的耳朵几何形状；隐形式，其小到足以放置在耳道深处。

除了机械和电气设计的进步促进了现代设备的外形设计因素外，声学系统设计和信号处理方面的创新在实现无缝用户体验方面也是至关重要的。其中包括基于人工智能和机器学习的智能算法，这些算法可以自动识别来自周围环境的各种声音信号，并可以放大那些增强用于理解和沟通的声音信号，同时抑制那些构成背景噪声的声音信号。定向波束赋形技术可以提高信噪比（signal-to-noise ratio，SNR），双耳音频信号处理可以降低噪声并保留重要的空间线索用于声音定位。消除或显著减少可能由嵌入设备中的麦克风和扬声器的接近引起的音频干扰，进一步增强了听觉体验。

现代助听器还结合了非线性声音放大算法，复制了健康的人类耳蜗的听觉处理方案。这是通过依赖于声音强度的扩展-压缩算法实现的，该算法通过应用更高的放大系数来扩展低电平柔和的声音，并且通过限制声音放大来压缩高强度的响亮声音。听力受损患者的听觉阈值，即他们能听到的最低声级，往往比听

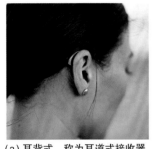

(a) 耳背式，称为耳道式接收器

(b) 定制式，旨在适合佩戴者独特的耳朵几何形状

(c) 隐形式，放置在耳道深处

图4　随着部件的小型化和对人体工程学设计的关注，助听器已经转变为现代设备，具有独特外形

力正常的人高得多，而对响亮声音的耐受阈值保持在相似的水平。这使得听力受损的人的听力动态范围大大降低。因此，助听器需要将更广泛的自然声级从环境映射到更窄的敏感度窗口，以适应听力受损的听觉系统的动态接收范围。总体而言，助听器设计和信号处理算法的目标是确保在机械和声学方面符合人体工程学，以实现舒适的佩戴，并减少在日常互动中理解对话和其他声音所需的听力努力和相关的认知负荷。

人工智能与机器学习

近年来，一种新的计算范式得到了迅速采用，这种范式基于用数据训练系统，而不是预先用一套预定义的规则对它们进行编程。受人类感知、认知和智力研究的启发，这些系统和应用程序旨在从数据中学习，就像人类从经验和环境中收集的信息中学习一样（图1）。这个新兴的基于机器学习的智能系统时代很久以前就已经被预见到了。1955年的一次达特茅斯会议提出了AI16这个术语，并预言"学习的每一个方面或智能的任何其他特征都可以如此精确地描述，以至于可以制造一台机器来模拟它"。随着机器学习算法、大规模并行计算体系结构和大规模数据数字化的惊人发展，这一愿景现在正在成为现实，从而实现了许多自主和交互技术[17]。

现在，人工智能正在推动助听器走向未来，不仅可以增强听力和清晰度，而且还增加了新的功能。基于机器学习技术，助听器可以破译哪些声音是重要的，并自动调整以便放大这些声音，同时抑制背景噪声。想象一下，你正和一位朋友坐在繁忙街道上的一家咖啡馆里。在这种环境中，你周围充满了各种声音：你正在进行的对话、别人的聊天、交通噪声。今天的助听器可以通过使用机载人工智能技术来解析这种嘈杂的声音。它们可以分离和识别各种声音、放大对话、提高语音清晰度、降低背景噪声。它们给了你超人般的听力。

声学环境分类：识别声音

声学环境分类（acoustic environmental classification，AEC）源于听觉场景分析[18]，是一种

计算过程，通过该过程，信号处理被用来模拟听觉系统在现实世界收听环境中分离出单个声音的能力。AEC将声音分类为离散的"场景"或环境，这些场景或环境主要基于时间和频谱特征[19]。现代助听器使用AEC来分类收听到的环境（如安静的地方、起居室、餐厅、礼堂等），并自动启用最合适的声音管理功能（如定向麦克风、降噪、反馈控制等）[20]。大多数AEC系统结合了两个处理阶段：特征提取和特征/模式分类，然后是后期处理和环境声音分类（图5）。AEC系统的准确性取决于所使用的特征参数、声音类别和统计模型的数量。

在大型已知数据集上训练的有监督机器学习模型已经被用来提高分类精度。例如，我们开发的AEC系统具有八个自动声音类别：音乐、安静区域中的语音、嘈杂环境中的语音、噪声中的语音、机器声、风声、噪声和静音。它通过调整增益、压缩、方向性、噪声管理和其他适用于每个特定类别的参数，从保证优先考虑噪声中的语音清晰度。许多助听器系统的分类准确率最高可达80%~90%。但是在压缩流行音乐、强混响语音以及音调和波动噪声的分类方面最有可能出现问题[21]。出于这个原因，自动调整，即使是由拥有大量数据的机器学习驱动的，也不会总是能够准确分类，特别是在具有挑战性的听力环境中[22]。通过用户提示、按需分析和用于增强语音清晰度的自动调整，可以更好地服务于这些情况。

边缘人工智能：提高语音清晰度

对于我们大多数人来说，在嘈杂的环境中理解对话也会有一定的难度，而对于听力受损的人来说，这尤其具有挑战性[33]。除了自动声学分类和调整之外，当人们面临具有挑战性的收听情况时，由用户选择和发起的积极语音增强算法能够弥补自动化功能的不足。理想情况下，这样的功能应该有一个简单的界面，用户可以通过控件（如双击或按钮）启动功能。在这样的提示下，助听器可以捕捉收听环境的"声学快照"，并通过相应地调整参数来优化语音清晰度。

我们开发了一种按需边缘AI计算解决方案用于提高语音清晰度。由基于微机电系统（microelectromechanical system，MEMS）的运动传感器捕获设备上的双击手势[23]。按需和自适应参数调整包括增益偏移、噪声管理设置、定向麦克风设置和风噪声管理等。该方法不需要智能手机或云计算连接，所有的计算能力都是通过"在耳式"处理实现的。研究表明[24]，当在餐厅噪声、汽车和混响环境中通信时，该模式有着易于操作的优点，大多数用户更喜欢该模式（图6）。

在新冠肺炎大流行期间，政府鼓励或强制全社区佩戴口罩，以减少空气传播的风险。这种做法，再加上社交距离，有助于减缓病毒的传播，但它也对清晰、富有感情的沟通构成了障碍，特别是对听力受损的人[25]。我们通过对许多市面上可买到的助听器款式

声音输入   频谱分布谐波 起始/偏移、频率变化、时间分离

特征提取   特征/模式分类   后期处理   环境声音分类

图5 一种集成在助听器中的AEC系统，用于自动识别声音环境。该体系结构包括从嵌入式麦克风捕获的声音信号中提取特征、使用机器学习算法进行模式分类、后期处理和环境声音分类

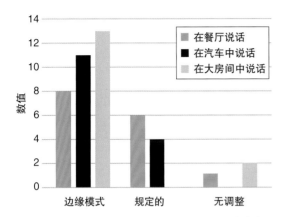

图6 15名听障患者对按需边缘人工智能技术与规定设置的用户偏好（图例显示了声学场景）

进行声学测量，评估了不同类型的口罩在声音衰减方面的差异[26]。图7说明了一系列掩码类型的差异。这些数据被归一化到不戴口罩的条件下。结果表明，虽然所有的口罩都减少了重要的高频信息，但织物口罩、医用口罩和纸质口罩之间存在显著差异，尤其是那些配有塑料片的口罩。一项意想不到的发现是，配备透明塑料片的口罩和防护罩在低/中频有几个分贝的增强，而在高频有降低。这些数据说明了使用具有

固定高频增益调整的预定补偿方案来考虑口罩带来的影响是一个挑战。

这些发现推动了助听器的发展。最初的模式使用机载人工智能模型，通过机器学习训练，以及评估语音和噪声水平来优化语音清晰度和声音质量。口罩的边缘模式可动态调整多个特征参数，包括增益、输出、噪声管理和定向麦克风。因此，与其他"口罩模式"程序中使用的简单增益偏移不同，这种模式能够进行动态调整。所有需要的信号处理都是使用佩戴的现代助听器计算来执行的，不需要连接到智能手机或云。在实验室对助听器用户进行测试中，当说话者使用医用N95口罩时，助听器用户明显更喜欢人工智能操作的调整和"手动"口罩模式偏移程序，而不是"正常"规定的调整。正在进行的研究正在评估当使用更多的口罩类型时，是否优选针对口罩计算的边缘模式，类似于图7中描述的那些。

除了在助听器中的处理器上执行的算法之外，另一种新兴的语音增强策略是基于深度神经网络（deep neural network，DNN）架构的，该架构结合了可穿戴

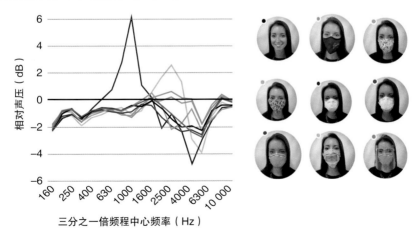

图7 与不戴口罩（黑色参考零线）相比，不同口罩对衰减语音信号（彩色线条）的声学影响。这些测量是使用人体模型进行的

设备和移动设备（如智能手机）上可用的增强计算处理能力，并且当附加设备麦克风更接近目标声音时，它们将有着作为输入源的优势。作为机器学习领域中的一个特殊子类，DNN 架构使用多层互连的计算节点，称为神经元。每一层都是由代表网络"宽度"的大量神经元组成，层的多少决定了"深度"。人类大脑皮层由大量相互连接的生物神经元组成，这使得它能够在一个日益复杂的层次结构中处理大量感官信息。通过对感官信息的处理，它梳理出复杂的模式和相关性，并帮助人们理解和驾驭世界。受到大脑皮层结构和功能的启发，基于 DNN 的人工智能系统正在越来越多地解决以前被认为只有通过人类智能才能解决的问题[17]。

研究已经证明了 DNN 在保持语音质量的同时，在各种信噪比和噪声类型下提高语音清晰度的价值[42,43]。图 8 是 2020 年引入的基于 DNN 的语音增强功能的高级示意图[44]。现场测试结果表明，听力受损从轻微到重度的用户在嘈杂环境中理解语音时总体上会更加喜欢仅使用助听器自动处理。另外的分析表明，听力受损程度与这种算法偏好呈正相关。这很可能是由于智能手机的"离线"算法处理会带来系统延迟，这表明听力受损程度较高的助听器用户可以容忍信号处理复杂性的增加，如果改善了信噪比，就会导致系统延迟，而听力较好的用户则不太可能容忍额外的滞后。因此，此功能仅推荐给听力受损重度到极重度的用户。

带噪声的输入信号　　　　语音增强信号

图 8　基于智能手机的 DNN 语音增强

监测健康状况：跟踪活动和参与度

除了语音清晰度的提高外，嵌入式传感器和人工智能正在将助听器转变为多功能健康设备。这些设备可以检测用户是否跌倒，并自动向指定联系人发送警报，持续收集身体指标，监控身体活动，并测量社交参与度。近几年来，惯性测量单元（inertial measurement unit，IMU）传感器已经被内置到助听器中，用来测量用户的运动状态，结合通过 AEC 系统对听力环境的分类，可以用来监控身体活动和社交参与。然后在移动应用程序上显示结果（图 9）。

为什么跟踪身体活动对听力很重要？研究表明，预防心血管疾病可能在与年龄相关的听力受损中发挥作用[5]。日常身体活动跟踪已被推广为降低心血管风险的一种手段，研究表明，每天走 1 万步可以降低老年人的体重指数[27]，这能有效降低心血管疾病发生的风险。最近的一项研究评估了先进的人工智能助听器在跟踪真实世界条件下的步数方面的功效和有效性。作者报告说，助听器在步数统计方面比手腕上佩戴的活动跟踪设备更准确[28]。由于这些设备更有可能被持续佩戴，它们的数据采集也应该能更全面地显示用户的活动水平。

除了物理防护，美国心脏协会、美国心脏病学会和美国运动医学院已经确定久坐行为和缺乏体育活动是造成心血管疾病的主要因素，特别是在老龄化人口中。他们主张每天锻炼 30 分钟和减少久坐行为来降低心血管疾病发生的风险[29]。此外，美国运动医学院建议完成日常的柔韧性练习，以保持关节的活动范围和肌肉骨骼力量[30]。为此，助听器可以自动跟踪每天的步数、其他锻炼和站立时间（在 1 小时内连续运动至少 1 分钟），以鼓励用户更多地锻炼身体[31]。

从助听器中受益的人每天都会使用助听器，这一

步数
每天步数

锻炼
运动记录：快走、步行或更快

站立
在1小时内连续运动至少1分钟

使用
每天12小时的佩戴时间

参与度
复杂社交聆听情况下的时间百分比，包括流媒体

环境
聆听环境的多样性

（a）"身体得分"是基于步数、锻炼和站立时间计算的　　（b）"大脑得分"是根据助听器的使用、参与度和环境计算的

图9　具有嵌入式MEMS加速度计的高级助听器可以量化和跟踪身体活动和社交活动

点已经得到了很好的证实。然而，有争议的是，使用助听器多长时间才能获得潜在的认知和社交益处。虽然研究表明，每天使用助听器超过8小时的人比更少使用助听器的人更能获得来自听力补偿的满足感，但几乎没有证据表明听力环境的类型对获得满足是否重要[32]。许多听力受损的人报告说，在有背景噪声的情况下，理解语言是会受到环境干扰的[33]。虽然在嘈杂环境中的交流是助听器发展的最大驱动力[34]，但大多数新的助听器使用者都是在通常有利的听力环境中佩戴助听器[35]。建议使用助听器"数据记录"来识别那些没有使用或仅最低限度使用助听器的患者，以便临床医生能够提供适当的康复建议和支持，特别是新使用者更为需要这样的帮助[36]。虽然数据记录提供了一种比"自我报告"方法更准确地反映助听器使用情况的客观方法，而且"自我报告"方法的准确性通常被夸大了[37]，但它也需要通过面对面和远程医疗预约进行临床干预。

因此，我们引入了"社交参与度"的衡量标准，自动监测和报告每天使用助听器的时间，根据机器学

习算法对每24小时期间遇到的听力环境的多样性进行分类[31]。通过直接在应用程序中显示每日社交参与度得分，助听器用户能够挑战自己，在各种安静和嘈杂的环境中使用自己的设备与他人交流。用户甚至可以指定家庭成员和专业照顾者，通过配套的应用程序实时监控日常进展[38]。收集和显示用户数据的系统和方法采用严格的安全和隐私协议设计，并符合法律和道德要求。这些以患者为中心的工具可能会鼓励人们在困难的听力环境中更频繁地使用助听器。它们还可以为临床医生提供他们需要的信息，以便在更广泛的情况下更好地优化助听器。

自动跌倒检测和警报

大约40%的65岁及以上的成年人每年跌倒一次或更多，这会导致严重的相关疾病的发病率、死亡率和医疗费用[39]。此外，研究还报告了听力受损的严重程度与跌倒次数之间的显著正相关[6]。老年人经常会出现向前和向后跌倒、绊倒、滑倒和侧向跌倒的现象[40]。我们开发了一种耳级助听器跌倒检测算法，该

算法依赖嵌入在定制和标准助听器中的IMU传感器，这些助听器被设计为对跌倒事件具有高度敏感（图10）。一旦助听器检测到跌倒，就会自动向之前指定的联系人发送警报。如果佩戴者已经恢复站立，不需要帮助，可以立即取消警报。最近的一项研究评估了基于双侧助听器的加速度、估计的跌倒距离和撞击幅度的跌倒检测算法的灵敏度和特异性，并与商用的、颈挂式个人应急响应系统进行了比较[41]。平均而言，在实验室模拟前倾、后仰和几乎跌倒的情况下，耳戴式跌倒探测系统的灵敏度和特异性与颈挂式挂件相当或比之更高（图11）。这些数据表明，具有跌倒探测技术的助听器可能会为更传统的设备提供一种合适的替代方案，为听力受损患者提供潜在的救命功能，而不需要佩戴和维护额外的设备。

个人虚拟助理：面向耳朵的智慧助手

高科技的入耳通信设备让佩戴者能够接触到一个私人的、无所不知的虚拟助手，它可以立即回答问

题，并可以翻译语言，长期以来一直是科幻爱好者和技术人员的梦想。现在，它正在成为现实。先进的助听器结合了个人助理技术，只需在耳朵上轻拍两下就能激活。用户可以询问一般问题、解决助听器问题、发出更改助听器音量的命令、将助听器静音、更改记事本以及设置药物和其他任务的提醒。具有个人助理功能的助听器依靠自然语言处理技术和在云服务器上运行的强大的机器学习算法，可以使佩戴者使用对话语言，比如"今天天气怎么样？"，"1982年谁赢得了超级碗？"。只需说一句"调高助听器音量"或"增大助听器音量"，就可以控制设备。用户甚至可以说"找到我的手机"或"我的手机丢了"这样的话，虚拟助手将通过按响手机来帮助定位智能手机，即使它是锁定的或处于静音模式。

拥有一个耳内的个人助理很方便，它可以通过可靠来源回答问题，提供信息，并能够使用自然的语音命令控制设备，而且自动用药提醒的作用还可能会挽救生命。根据世界卫生组织的数据，长期服药的

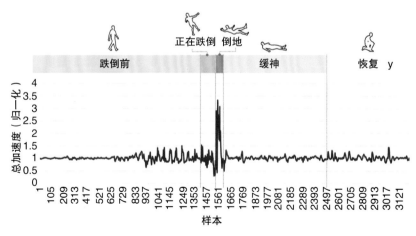

图10 基于对嵌入在高级助听器中的MEMS加速度计的实时分析，自动检测跌倒。在检测到跌倒后，会通过智能手机向指定联系人发送警报消息

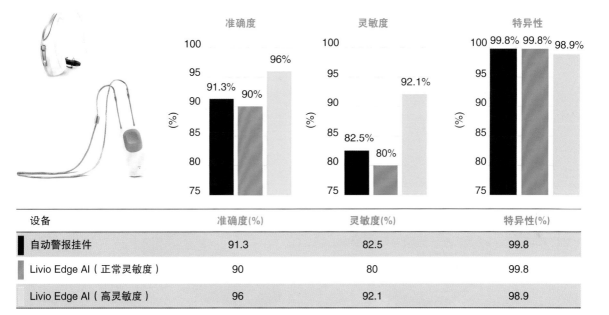

设备	准确度(%)	灵敏度(%)	特异性(%)
■ 自动警报挂件	91.3	82.5	99.8
■ Livio Edge AI（正常灵敏度）	90	80	99.8
Livio Edge AI（高灵敏度）	96	92.1	98.9

图11　测得的颈挂式挂件（AutoAlert）与具有正常和高灵敏度设置的 Livio Edge AI 助听器的跌倒检测准确度、灵敏度和特异性

坚持率只有50%左右，这导致约125 000人死亡和高达25%的住院治疗，每年给美国医疗保健系统造成约3000亿美元的损失。通过智能手机连接到云计算资源还可以让助听器呈现一个耳戴式的语言翻译器。目前的设备支持27种语言，目标语言在近乎实时的翻译后独立地通过助听器播放。佩戴者还可以选择将口语转录到智能手机屏幕上，帮助他们在具有挑战性的环境中理解对话。虽然我们离实现全知的助手（如漫威

> **连接技术的集成使现代助听器成为互联设备生态系统的一部分**

钢铁侠电影中的贾维斯"只是一个相当非常智能的系统"）还有一段路要走，但当前一代助听器提供的个人助手让我们得以一窥未来。

连接设备的生态系统

除了充当云计算网关的智能手机外，连接技术的集成使现代助听器成为互联设备生态系统的一部分。附件设备包括远程麦克风、电视串流器和助视器（图12）。对于许多感音神经性听力受损患者来说，在嘈杂环境中理解语音是一项重大挑战，有时仅有助听器是不够的，即使有定向麦克风、AEC和人工智能也是如此。为了解决这一问题，制造商已经开始在助听器中融入机器学习和边缘计算，通过使用新的多用途无线配件[45]，采用多达8个空间分离的麦克风和复杂的定向波束赋形技术将收听环境划分为不同片段，用

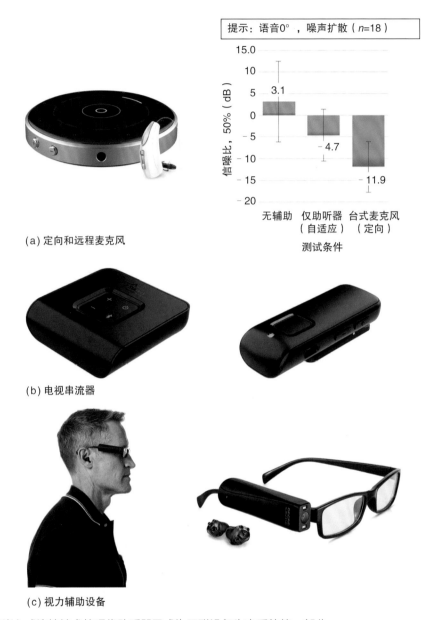

（a）定向和远程麦克风

（b）电视串流器

（c）视力辅助设备

图12 具有嵌入式连接技术的现代助听器已成为互联设备生态系统的一部分

以提高噪声中的语音清晰度。在"自动"模式下，台式麦克风可以动态切换其波束方向，以聚焦在一组说话者身上，同时减少干扰的背景语音和来自其他方向的噪声。在"手动"模式下，用户可以选择麦克风方向聚焦到一组中的一个或两个扬声器，并通过简单地触摸设备顶部来改变一个或多个波束的方向。在"环绕"模式下，所有麦克风都处于活动状态，声音从各个方向被放大。自动和手动模式针对在噪声中收听语音进行了优化，而环绕模式则为在安静条件下收听语音做好了准备。

台式麦克风放在一组人的中心或靠近单个对话伙伴时，可提供最佳的收听效果。在一项实验室研究中，18名听力受损的参与者在没有辅助设备的情况下完成了语音清晰度测试，仅借助 AI 定制可充电助听器，并由台式麦克风辅助。如图12所示，与单独使用助听器相比，台式麦克风在噪声中进行的听力测试的平均信噪比提高了 7.2 dB，与无辅助条件相比提高了15 dB。根据言语刺激的不同，在具有挑战性的环境中这会帮助言语理解能力提高50%或更多。如果台式麦克风可以直接与助听器配对，就不需要智能手机和基于云的计算。

早些时候，我们讨论了听力受损与其他重要健康状况之间的关系。最近的研究[46]评估了常见的、经常共存的感觉和认知障碍与各种健康状态的关系，发现视觉、听觉和认知能力下降的特定组合以不同的方式与不同类型的残疾、自我评估的整体健康和死亡率有关。由于听力受损，因此视觉经常提供语音理解所必需的补充输入（使用声学信息和语音传播线索），研究也集中在可以整合听觉和视觉信息的系统上，通过无线连接将人工智能助听器与可穿戴摄像头配对，以同时提供听力增强和视觉世界的音频描述[47]。

助听器有助于缓解第三种最普遍的慢性身体健康状况，使人们能够更好地倾听和更有效地沟通，因此助听器是至关重要的医用可穿戴设备。然而，从历史上看，它们的普及率很低，部分原因是与辅助技术相关的羞耻感和传统设备的单一用途性质有关。在本文中，我们回顾了将助听器转变为具有嵌入式传感器和人工智能技术的多功能设备，以及助听器在连接健康和通信设备方面的最新进展。随着现代人体工程学的设计，改善的音质和增强的语音清晰度，被动和持续的健康监测，以及个人助理作为通往云计算广阔信息

世界的门户，现代助听器正在从人们需要佩戴的设备演变为人们想要佩戴的设备。

那么，下一步是什么呢？人工智能技术的进一步发展将在具有挑战性的听力环境中带来前所未有的语音清晰度。现代助听器已经可以跟踪你的健康状况，在未来，它们将能够在健康问题发生之前提醒你。想象一下，一种助听器可以跟踪你的心率和核心体温，感觉到你的血氧水平低，并在问题变成严重的健康紧急情况之前向你发送信息。未来的助听器还可以感知你的情绪，检测焦虑和抑郁的发作，并提醒照顾者和亲人及早干预和帮助。

明天的助听器会比你先知道你需要什么。在一个感知、计算和互联的技术生态系统中无缝集成，我们现在所知的助听器将变成越来越复杂和多样化的信息渠道，成为我们无处不在的个人助理。随着我们对人类感官系统的理解不断加深，感官增强技术继续快速发展，我们可能即将获得超越生物系统自然极限的超人感觉、感知和认知能力。无论这些技术和它们的用途如何发展，很明显，佩戴在我们耳朵中和耳朵周围的设备将在改善我们的生活和体验方面发挥关键作用。C

参考文献

[1] E. B. Goldstein and J. Brockmole, *Sensation and Perception,* 10th ed. Boston, MA: Cengage Learning, 2016.

[2] E. A. Masterson, P. T. Bushnell, C. L. Themann, and T. C. Morata, "Hearing impairment among noise-exposed workers — United States, 2003– 2012," *MMWR Morb Mortal Wkly Rep.*, vol. 65, no. 15, pp. 389–394, 2016. doi: 10.15585/ mmwr.mm6515a2.

[3] G. Livingston et al., "Dementia prevention, intervention, and care: 2020 report of the Lancet Commission," *Lancet*, vol.

396, no. 10248, pp. 413–446, 2020. doi: 10.1016/ S0140-6736(20)30367-6.

[4] D. S. Chen et al., "Association of hearing impairment with declines in physical functioning and the risk of disability in older adults," *J. Gerontol.*, vol. 70, no. 5, pp. 654–661, 2015.

[5] E. P. Helzner et al., "Hearing sensitivity in older adults: Associations with cardiovascular risk factors in the health, aging and body composition study," *Amer. Geriatrics Soc.*, vol. 59, no. 6, pp. 972–979, 2011. doi: 10.1111/j.1532-5415.2011.03444.x.

[6] F. R. Lin and L. Ferrucci, "Hearing loss and falls among older adults in the United States," *Arch. Intern. Med.*, vol. 172, no. 4, pp. 369–371, 2012. doi: 10.1001/archinternmed.2011.728.

[7] K. Wattamwar et al., "Association of cardiovascular comorbidities with hearing loss in the older old," *JAMA Otolaryngol. Head Neck Surg.*, vol. 144, no. 7, pp. 623–629, 2018. doi: 10.1001/ jamaoto.2018.0643.

[8] F. R. Lin et al., "Hearing loss and cognitive decline in older adults," *JAMA Intern Med.*, vol. 173, no. 4, pp. 293–299, 2013. doi: 10.1001/ jamainternmed.2013.1868.

[9] F. R. Lin, E. J. Metter, R. J. O'Brien, S. M. Resnick, A. B. Zonderman, and L. Ferrucci, "Hearing loss and incident dementia," *Arch. Neurol.*, vol. 68, no. 2, pp. 214–220, 2011. doi: 10.1001/ archneurol.2010.362.

[10] J. Ray, G. Popli, and G. Fell, "Association of cognition and age-related hearing impairment in the English longitudinal study of ageing," *JAMA Otolaryngol. Head Neck Surg.*, vol. 144, no. 10, pp. 876–882, 2018. doi: 10.1001/ jamaoto.2018.1656.

[11] T. A. Powers and C. M. Rogin, "MarkeTrak 10: Hearing aids in an era of disruption and DTC/OTC devices," *Hearing Rev.*, vol. 26, no. 8, pp. 12–20, 2019.

[12] "Beethoven's large ear trumpet, type 1 with pot, made by Johann Nepomuk Mälzel, Beethoven-Haus Bonn, 1813. Accessed: Aug. 9, 2021. [Online]. Available: https:// www.beethoven .de/en/s/catalogs?opac=bild_en.pl&_ dokid=bi:i3839.

[13] J. Haupt, "Vintage Sonotone Model 1010 Hybrid (2 Vacuum Tubes & 1 Transistor) Hearing Aid: The first commercial product in the world to use transistors, made in USA, introduced December 29, 1952." Accessed: Aug. 9, 2021. [Online]. Available: https://www.flickr.com/photos/

关于作者

Achintya K. Bhowmik 斯达克公司首席技术官和工程执行副总裁，斯坦福大学兼职教授。IEEE研究员。联系方式：acin_bhowmik@starkey.com。

David A. Fabry 斯达克公司首席创新官。联系方式：dave_Fabry@starkey.com。

51764518@N02/26251999474/.

[14] J. Haupt, "Vintage Zenith Radionic 3-Vacuum Tube (Body) Hearing Aid, Model-A3A, Pastel Coralite Case, Bone-Air, Original Cost = 50.00 USD, circa 1944." Accessed: Aug. 9, 2021. [Online]. Available: Https:// www.flickr.com/ photos/51764518@ N02/10840966755/.

[15] M. Weiser, "The computer for the twenty-first century," *Sci. Amer.*, vol. 265, no. 3, 1991. doi: 10.1038/ scientificamerican0991-94.

[16] J. McCarthy, M. Minsky, N. Rochester, and C. E. Shannon, "A proposal for the Dartmouth Summer Research Project on Artificial Intelligence, August 31, 1955," *AI Mag.*, vol. 27, no. 4, p. 12, Dec. 2006.

[17] A. Bhowmik, "Artificial intelligence: From pixels and phonemes to semantic understanding and interactions," in *Proc. Int. Display Workshops*, 2019, 26, 9–12. doi: 10.36463/ idw.2019.0009.

[18] A. S. Bregman, *Auditory Scene Analysis: The Perceptual Organization of Sound*. Cambridge, MA: The MIT Press, 1990.

[19] T. Zhang and J. S. Kindred, System for evaluating hearing assistance device settings using detected sound environment. U.S. Patent 2007/0217620 A1, Sept. 20, 2007.

[20] D. Fabry and J. Tchorz, "Results from a new hearing aid using "acoustic scene analysis," *Hearing J.*, vol. 58, no. 4, pp. 30–36, 2005. doi: 10.1097/01.HJ.0000286604. 84352.42.

[21] M. Buchler, S. Allegro, S. Launer, and N. Dillier, "Sound Classification in Hearing Aids Inspired by Auditory Scene Analysis," *EURASIP J. Appl. Signal Process.*, vol. 18, pp.

2991–3002, 2005, Art. no. 387845. [Online]. Available: https://doi.org/10.1155/ ASP.2005.2991.

[22] J. J. Xiang, M. F. McKinney, K. Fitz, and T. Zhang, "Evaluation of sound classification algorithms for hearing aid applications," in Proc. IEEE Int. Conf. Acoustics, Speech Signal Process., 2010, pp. 185–188.

[23] J. Hsu, "Starkey's AI transforms hearing aids into smart wearables," *IEEE Spectr.*, 2018. [Online]. Available: https:// spectrum.ieee.org/ the-human-os/biomedical/devices/ starkeys-ai-transforms-hearing-aid -into-smart-wearables.

[24] J. Harianawala, M. McKinney, and D. Fabry, "Intelligence at the edge," Starkey White Paper, 2020. https:// starkeypro. com/pdfs/technical -papers/Intelligence_at_the_Edge _ White_Paper.pdf.

[25] R. Ten Hulzen and D. A. Fabry, "Impact of hearing loss and universal masking in the COVID 19 era," *Mayo Clinic Proc.*, vol. 95, no. 10, pp. 2069–2072, 2020. doi: 10.1016/ j.mayocp.2020.07.027.

[26] D. Fabry, T. Burns, M. McKinney, and A. Bhowmik, "Unmasking" benefits for hearing aid users in challenging listening environments," *Hearing Rev.*, vol. 27, no. 11, pp. 18–20, 2020.

[27] G. McCormack, B. Giles-Corti, and R. Milligan, "Demographic and individual correlates of achieving 10,000 steps/day: Use of pedometers in a population-based study," *Health Promotion J. Australia*, vol. 17, no. 1, pp. 43–47, 2006. doi: 10.1071/HE06043.

[28] M. Rahme, P. Folkeard, and S. Scollie, "Evaluating the accuracy of step tracking and fall detection in the Starkey Livio artificial intelligence hearing aids: A pilot study," *Amer. J. Audiol.*, vol. 30, no. 1, pp. 182–189, 2021. doi: 10.1044/2020_AJA-20-00105.

[29] C. J. Lavie, C. Ozemek, S. Carbone, P. T. Katzmarzyk, and S. N. Blair, "Sedentary behavior, exercise, and cardiovascular health," *Circulation Res.*, vol. 124, no. 5, pp. 799–815, 2019. doi: 10.1161/CIRCRESAHA.118.312669.

[30] C. E. Garber et al., "American College of Sports Medicine position stand. Quantity and quality of exercise for developing and maintaining cardiorespiratory, musculoskeletal, and neuromotor fitness in apparently healthy adults: Guidance for prescribing exercise," *Med. Sci. Sports Exercise*, vol. 43, no. 7, pp. 1334–1359, 2011. doi: 10.1249/MSS.0b013e318213fefb.

[31] C. Howes, "Thrive hearing control: An app for a hearing revolution," Starkey White Paper, 2019. [Online]. Available: https://starkeypro.com/ pdfs/white-papers/Thrive_Hearing _ Control.pdf.

[32] G. Takahashi et al., "Subjective measures of hearing aid benefit and satisfaction in the NIDCD/VA follow-up study," *J. Amer. Acad. Audiol.*, vol. 18, no. 4, pp. 323–349, 2007. doi: 10.3766/ jaaa.18.4.6.

[33] L. Jorgensen and M. Novak, "Factors influencing hearing aid adoption," *Seminars Hearing*, vol. 41, no. 1, pp. 6–20, 2020. doi: 10.1055/s-0040-1701242.

[34] G. Mueller and K. Carr, 20Q: Consumer insights on hearing aids, PSAPs, OTC devices, and more from MarkeTrak 10 audiology online, 2020. Mar. 16, 2020. [Online]. Available: https://www.audiology online.com/articles/20q-understanding -today-s-consumers-26648.

[35] L. E. Humes, S. E. Rogers, A. K. Main, and D. L. Kinney, "The acoustic environments in which older adults wear their hearing aids: insights from datalogging sound environment classification," *Amer. J. Audiol.*, vol. 27, no. 4, pp. 594–603, 2018. doi: 10.1044/2018_AJA-18-0061.

[36] J. Solheim and L. Hickson, "Hearing aid use in the elderly as measured by datalogging and self-report," *Int. J. Audiol.*, vol. 56, no. 7, pp. 472–479, 2017. doi: 10.1080/14992027.2017.1303201.

[37] A. Laplante-Lévesque, C. Nielsen, L. Dons Jensen, and G. Naylor, "Patterns of hearing aid usage predict hearing aid," *J. Amer. Acad. Audiol.*, vol. 25, no. 2, pp. 187–198, 2018. doi: 10.3766/ jaaa.25.2.7.

[38] "Thrive Care application," Staykey, Eden Prairie, MN. [Online]. Available: https://starkeypro.com/pdfs/ quicktips/ Thrive_Care_App.pdf.

[39] L. Z. Rubenstein, "Falls in older people: Epidemiology, risk factors and strategies for prevention," *Age Ageing*, vol. 35, no. suppl_2, pp. ii37–ii41, 2006. doi: 10.1093/ageing/afl084.

[40] J. R. Crenshaw et al., "The circumstances, orientations, and impact locations of falls in community-dwelling older women," *Arch. Gerontol. Geriatr.*, vol. 73, pp. 240–247, Nov. 2017. doi: 10.1016/j. archger.2017.07.011.

[41] J. R. Burwinkel, B. Xu, and J. Crukley, "Preliminary examination of the accuracy of a fall detection device embedded into hearing instruments," *J. Amer. Acad. Audiol.*, vol. 31, no. 6, pp. 393–403, 2020. doi: 10.3766/jaaa.19056.

[42] Y. Zhao, D. Wang, I. Merks, and T. Zhang, "DNN-based enhancement of noisy and reverberant speech," in *Proc. IEEE Int. Conf. Acoustics, Speech Signal Process. (ICASSP)*, 2016, pp. 6525–6529. doi: 10.1109/ ICASSP.2016.7472934.

[43] Y. Zhao, B. Xu, R. Giri, and T. Zhang, "Perceptually guided speech enhancement using deep neural networks," in *Proc. IEEE Int. Conf. Acoustics, Speech Signal Process. (ICASSP)*, 2018, pp. 5074–5078.

[44] D. Cook, "AI can now help you hear speech better," Hearing Loss J., 2020. [Online]. Available: https:// www.hearinglossjournal.com/ ai-can-now-help-you-hear-speech/.

[45] K. Walsh and V. Zakharenko, 2.4 GHz Table Microphone. Starkey White Paper, 2020. [Online]. Available: https:// home.starkeypro.com/pdfs/ WTPR/SG/WTPR2787-00-EE-SG/ Table_Microphone_White_Paper.pdf.

[46] P. L. Liu, H. J. Cohen, G. G. Fillenbaum, B. M. Burchett, and H. E. Whitson, "Association of co-existing impairments in cognition and selfrated vision and hearing with health outcomes in older adults," *Gerontol. Geriatr. Med.*, vol. 2, pp. 1–9, 2015. doi: 10.1177/2333721415623495.

[47] S. Solomon, "OrCam, hearing aid firm Starkey to provide joint visual & hearing devices," Times of Israel, 2020. [Online]. Available: https://www.timesofisrael.com/ orcam-hearing-aid-firm-starkey -to-provide-joint-visual-hearing -devices/.

(本文内容来自 Computer, Nov. 2021) **Computer**

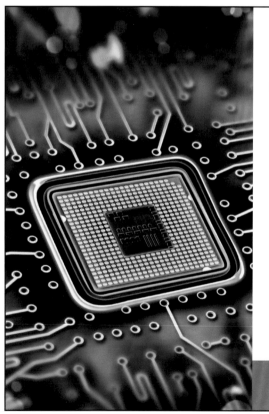

信任挑战——机器团队

文 | James Bret Michael　海军研究生院
译 | 闫昊

为人形机器人配备软件密集型人工智能和机器学习系统带来了加强人机合作的机会，也为在这些关系中建立信任带来了挑战。

我在写这篇文章的时候休息了一下，阅读了当地报纸上的连环画。Dilbert没有让人失望，他描绘了老板和机器人Wally之间的对话：

> **老板**：“我们今天启动了新的‘懒人Wally’机器人项目。它所做的一切就是喝咖啡、参加会议、抱怨。”
>
> **机器人Wally**：“那个机器人永远不会取代我！”
>
> **老板**：“你是机器人。Wally就坐在你对面。”
>
> **机器人Wally**：“啧，那刚刚毁了我的一天。”[1]

能看到这份报纸真是幸运的一次意外之举。本文的主题是信任，因为它与人机协作有关。有趣的是，机器人Wally的反应方式与人类的反应方式一样，它说明了一些研发实验室目前正在做的事情，即构建、测试和部署与人类合作完成任务的类人自动机器人。

为什么要把机器人造得像人类呢？一个原因是，一些任务可以由机器人很好地完成，这些机器人具有人类一样的灵巧性，能够感知某些物理现象，这些能力要么比人类强得多，要么人类根本就感觉不到。例如，在一个只能容纳一个中等体型的人的受限空间中，捡起、移动并放下大件或笨重的物体。一个人可以与机器人合作，从该空间移动物体，机器人能够准确地确定每个物体的大小，并通过算法计算出最优计划，以最大限度地减少重新定位它们的时间，并由人类提供额外的解决问题的背景，包括在制定行动计划时施加的约束，比如哪些物体易碎、易燃或由于某种原因不能彼此靠近，需要重新定位。

人与机器之间的协作可以用于复杂的自适应性决策。根据 Scully 等人的说法，机器还可以被设计成当它们察觉到与其合作的人类的认知功能受到损害时，暂时承担某些决策任务，这种情况可能发生在航天器上，例如当宇航员暴露在足够高浓度的二氧化碳中或处于其他情况（如疲劳）下时[2]。如果你认为这样的合作是未来主义的或虚构的，就像在《星球大战》电影中首次亮相的机器人 C-3PO 一样，那你就得再向前多想一些[3]。NASA 已经拥有人形机器人，称为 robonauts，在国际空间站 (International Space Station，ISS) 上与宇航员一起工作。2013 年，日本在国际空间站引进了一名人形宇航员，名叫 Kirobo。美国宇航局机器人的最新版本被称为 R2(参见 https://robonaut.jsc.nasa.gov/r2/)。

与 NASA 一样，DARPA 和其他政府组织，以及全球各地的公司，都在投资研发相关技术，以促进人与机器人的交互。最近，我偶然看到总部位于内华达州拉斯维加斯的 Deimos-One 公司的网站 (https://deimosone.com/Defense/)。它在广告中宣传一种名为 Atlas-One 战斗机器人的"武器化人形 AI"。该网站称，Atlas-One 采用深度学习，具有"全身活动能力"，可以自主完成复杂的任务。然而，与 Wally Look-Like、C-3PO、R2 和 Kirobo 不同的是，它没有提到人机交互和团队合作。

十多年前，我在 *IEEE Intelligent Systems* 杂志上读到 Laddaga 等人的一篇文章，内容是在机器人系统中嵌入人工智能 (artificial intelligence，AI) 和机器学习 (machine learning，ML)，使机器人能够直接从环境的交互中学习，与其他机器人交换知识，"使现有知识适应新的环境，从而以人类可能无法理解的方式解决问题。"[4] 作者继续推测，类人机器人将"适应、协调现有的能力，并创造新的行为"，"根据每个机器人在世界上的独特经历，使用混合技术，如无人监督和强

化机器学习，我们很可能会看到，没有两个类人机器人是完全相同的。"Laddaga 等人设想的未来是，除了自我感知和情境感知之外，人工智能和机器学习增强的机器人以及其他与人类合作的系统将无处不在。

在现实环境中，使用人机协作来增强人们在高要求的工作负荷下成功完成任务的能力，对我来说听起来不错。然而，你和我对这样的团队有多大的信任，更不用说机器人的自主操作，无论其工作点是在我们的家里，在战场上，在工程实验室里，还是在前往火星的宇宙飞船上。NASA 的人类研究计划 (Human Research Program) 一直在宇航员与机器人交互的背景下研究这个问题。在最近由 NASA 赞助的一份报告中，Karasinski 等人强调了一些我没有意识到的有趣的信任方面的问题，研究发现，拟人自动化可以在团队合作的情况下帮助人和机器之间建立信任，比如通过机器人凝视人类的眼睛[5]。他们还引用了一项研究，指出拟人自动化会导致人类过于信任机器人伴侣。

Karasinski 等指出，在人机合作的背景下，对信任的研究结果存在差距，例如，在一种情况下，会受到涉及的人和机器的数量之间的基数的影响。他们谈到了一个众所周知的话题：

> 虽然机器学习技术可能是有效的，但它们很少能被轻易解释，而且操作员通常很难确切地理解系统为什么会这样运行。此外，随着这些系统变得更加复杂，现在它们可以不断学习和更新其行为，这使得操作员很难同时保持对系统的理解和适当的信任级别[5]。

除了与信任相关的人为因素、可解释的人工智能，以及所有使团队合作成为可能的软件之外，展示人机系统的可靠性还需要能够解决技术挑战，Avizienis 等所提出的论据和支持证据是判断系统可信性的必要因素[6]。

Grady Booch 指出，大多数现代软件系统的行为"在很大程度上是可以理解的，而不依赖于我们驱动它们的确切数据"，因此相对可预测[7]。他接着说，"下

一代软件密集型系统将是通过数据学习的，而不是编程的……在我们如何开发、交付和发展软件系统的方面面临着相当大的实际挑战。"下一代软件系统，例如那些嵌入在拟人自动机器人中的软件系统，将通过数据学习，改变它们的行为，并发现它们所在的世界，同时以人类可能无法准确预测的方式做到这一点。它们还需要在不确定和不完整的数据下进行推理和学习。例如，这将影响我们如何对待软件和数据的系统开发生命周期，如何使用灵活方法和DevOps制定软件开发流程，甚至影响我们如何构建和组织软件开发工具链。

在对机器学习应用软件工程研讨会上的讨论进行总结时，Khomh等呼应了Booch提出的一些关键点，即软件工程将会向能够进行数据学习和改变其行为的系统转变，这种转变将对软件工程实现目标的方式和能力以及我们对机器执行结果的信任程度产生未知影响[8]。例如，他们提出了对人工智能模型进行测试的一些问题，包括理论上该模型部署使用的适用环境的绝对数量可能是天文数字；被测系统训练数据不完整或测试数据不具有规范性；即使学习算法实现正确，人工智能系统的行为也可能不正确。他们还记录了研讨会与会者的观点，即人工智能和软件工程社区之间需要弥合裂痕，前者被视为专注于算法和性能问题，而后者则专注于开发、部署和维护基于人工智能的系统。

那么，通过融合人工智能和机器学习软件，我们在评估人机协作可信度方面的技术能力处于什么样的状态？在我看来，在加强人类和机器人（以及其他类型的机器）之间的合作和信任方面，我们才刚刚开始触及冰山的一角。我写此篇文章的目的是想提高人们的意识，而不是对关于这个主题的文献进行调查。关于向下一代软件系统的转变，Eric Schmidt提出了一些有趣的观察和建议，以消除体制和技术障碍，以便美国国防部和其他部门能够实现基于人工智能和机器学习的系统的转换能力[9]。

在2021年8月19日举行的特斯拉人工智能日上，埃隆·马斯克给出了他设想的特斯拉人形机器人最终能够执行的人机协作和自主操作的例子：

> 当然，人形机器人的目的是友好的，它会在为人类建造的世界中有目的地行动，消除危险，执行重复和乏味的任务……我认为，拥有一个有用的人形机器人真正困难的是：它可以在没有经过明确训练的情况下在世界上有目的地行动，即使没有明确的逐行指令。你能够与它对话，并说："请拿起那个螺栓，用那把扳手把它固定在汽车上。"它应该能做到这一点。也能够实现："请去商店给我买以下物品。"[10]

这些例子包括主要的单向基础人机协作，由人类指挥特斯拉机器人执行任务。这项工程学雄心勃勃的方面是为机器人提供足够的基于人工智能的学习和推理能力，以便在粗略或没有指令的情况下自主执行任务，在某些情况下，机器人必须自己感知和定位关于其运行环境的外部数据源。如果将这些例子扩大到包括人类和特斯拉机器人之间更高水平的合作，这个项目将更具挑战性。例如，考虑一种团队关系，其中多个机器人协作来制定和传达推荐的行动方案以供人类的多人团队考虑，并且允许机器人指派人类来完成此类计划的某些步骤。这种双向合作关系在可解释的人工智能和可信计算方面已经取得进展。

您是否参与了人机协作和信任方面的研发工作？如果是这样的话，请考虑在Computer提交一篇文章发表，甚至可以提出一个特殊的或主题的文章。人机合作已经潜移默化地影响我们所有人，从目前的情况来看，它将越来越多地应用于我们的日常生活，希望这种影响能够带来积极的效果，从而使我们可以在这些影响下建立足够的信任。█

免责声明

本文中包含的观点和结论是作者的观点和结论，不应被解释为一定代表美国政府的官方政策或认可，无论是明示的还是暗示的。

参考文献

[1] S. Adams, "Lazy Wally Robot," Dilbert, Aug. 12, 2021. Accessed: Aug. 16, 2021. [Online]. Available: https://dilbert.com/strip/2021-08-12.

[2] R. R. Scully et al., "Effects of acute exposures to carbon dioxide on decision making and cognition in astronaut-like subjects," *Microgravity*, vol. 5, no. 17, pp. 1–15, 2019. doi: 10.1038/s41526-019-0071-6.

[3] G. Lucas, director, *Star Wars: Episode IV—A New Hope*, 20th Century Fox, 1977.

[4] R. Laddaga, M. L. Swinson, and P. Robertson, "Seeing clearly and moving forward," *IEEE Intell. Syst.*, vol. 15, no. 6, pp. 46–50, 2000. doi: 10.1109/5254.895860.

[5] J. Karasinski, S. Holder, S. Robinson, and J. Marquez, "Deep space human-systems research recommendations for future human-automation/robotic integration," Tech. Memo., National Aeronautics and Space Administration, June 2020. Accessed: June 16, 2021. [Online]. Available: https://ntrs.nasa.gov/api/ citations/20205004361/downloads/ NASA%20TM%2020205004361.pdf.

[6] A. Avizienis, J.-C. Laprie, B. Randell, and C. Landwehr, "Basic concepts and taxonomy of dependable and secure computing," *IEEE Trans. Dependable Secure Comput.*, vol. 1, no. 1, pp. 11–33, 2004. doi: 10.1109/TDSC.2004.2.

[7] G. Booch, "It is cold. An lonely," *IEEE Softw.*, vol. 33, no. 3, pp. 7–9, 2016. doi: 10.1109/MS.2016.85.

[8] F. Khomh, B. Adams, J. Cheng, M. Fokaefs, and G. Antoniol, "Software engineering for machine-learning applications," *IEEE Softw.*, vol. 35, no. 5, pp. 81–84, 2018. doi: 10.1109/ MS.2018.3571224.

[9] Promoting DOD's culture of innovation, house committee on armed services, 115th Cong., 2nd session, hearing held Apr. 17, 2021, Washington, D.C. (statement of Dr. Eric Schmidt). Accessed: Aug. 16, 2021. [Online]. Available: https://www.govinfo.gov/content/pkg/CHRG-115hhrg30683/pdf/CHRG-115hhrg30683.pdf.

[10] YouTube. *Elon Musk's Tesla AI Day*. (Aug. 19, 2021). Accessed: Sept. 2, 2021. [Online Video]. Available: https://www.youtube.com/ watch?v=11QXiJ8ORe8.

关于作者

James Bret Michael 美国加利福尼亚州蒙特利市海军研究生院计算机科学系和电气与计算机工程系教授。IEEE资深成员。联系方式：bmichael@nps.edu。

（本文内容来自 *Computer, Nov. 2021*）Computer

可解释的建议和标准的信任：两个系统性用户错误

文 | **Mohammad Naiseh**　南安普顿大学
　　Deniz Cemiloglu　伯恩茅斯大学
　　Dena Al-Thani　哈马德 - 本 - 哈里法大学
　　Nan Jiang　伯恩茅斯大学
　　Raian Ali　哈马德 - 本 - 哈里法大学
译 | 叶帅

随着越来越多的人采用人类 - 人工智能协作决策工具，机器也对所给出的建议提供了解释，如何通过这种解释达到更安全和有效的人机协作，成为越来越多研究人员关注的课题。本文以临床医学决策 - 支持系统为例，探讨用户如何与解释互动以及信任校准错误发生的原因。

目前机器学习的发展促进了人类 - 人工智能（AI）协作决策工具在关键的安全应用场景的使用，如医疗系统和军事用途[6]。研究人员已经将信任校准确定为在日常场景中安全和负责任地使用此类工具的主要要求[1,2]。信任校准是正确评价信任的过程，信任的主要组成部分是基于认知和情感的信任[2,3]。

当操作员能够理解并根据人工智能的当前状态调整其信任级别时，信任就会得到校准[3]。基于人工智能的应用程序具有动态和不确定性，这一点至关重要。当用户无法管理他们的信任时，他们最终要么是过度信任（遵循一个错误的建议），要么是信任不足（拒绝正确的建议）。

以前的研究[3]指出了自动化中发生信任校准错误的五个主要情况、它们的原因，以及潜在的设计解决方案。总的来说，当用户不了解系统的功能，不知道它的能力,对系统的输出感到不知所措,缺乏势态感知,或者感到对系统失去控制时,信任校准错误就会发生。这种设计上的缺陷已经被证明是严重的安全问题。

可解释人工智能(XAI)的研究表明,通过解释来增强基于人工智能的建议可以提升信任校准,因为它可以让人类决策者深入和透明地了解人工智能是如何得出其建议的。这一解释应该支持用户为人工智能建立正确的心理模型,识别建议正确与否的情况,并减少信任校准的错误。

然而,最近的证据表明,基于XAI的系统没有成功改善信任校准,因为用户最终仍然处于过度信任或不信任AI的建议[2,21]。在XAI和信任校准的背景下,以前的工作通常集中在评估在信任校准背景下的解释[21],以及确定解释类型[2]和表示格式[23],以改善信任校准。

总的来说,之前的研究通常假设人们会在认知上参与每个解释,并利用其内容来建立一个正确的心理模型,并提高信任校准。然而,这种假设可能是不正确的,人类往往不愿意参与他们认为是费力的行为[24],导致了信息缺失的信任决定。

事实上,一些研究表明,在一些情况下,解释不能提高用户的信任校准,例如,解释被认为是信息过载的情况[1]。还有一些人把解释未能提高信任校准的错误和人类行为与认知偏差联系起来,例如,人类在被要求阅读解释时的认知懒惰[22]。尽管现在需要设计有效的XAI界面来校准用户的信任,但需要更多地了解解释不能实现充分信任校准的情况和背景,也就是说,什么样的场景或错误可能实时发生。

为此,我们旨在探索人与人工智能协同决策任务中人的交互行为及其解释。这些知识最终将为未来的设计提供信息,并帮助研究人员和设计人员开发有效的校准信任XAI界面。在本研究中,我们提出以下研究问题:

(1)在人与AI协作决策任务中,用户如何与解释进行互动?

(2)在哪些情况下,用户无法通过解释来校准他们的信任?

为了回答这些问题,我们进行了一项两阶段的定性研究,涉及16名参与者(医生和药剂师),他们在临床环境中经常使用基于人工智能的决策工具。我们的结果包括对人工智能解释下的人们交互行为的定性调查,揭示了导致信任校准缺陷的两个系统用户错误及其原因。

研究方法

我们进行了一个即时表达想法的实验,要求参与者执行一个人类-人工智能协作决策任务。然后我们进行了后续访谈,以获得更多的信息,并讨论我们对他们在任务中的经验的观察。

为了帮助调查,我们设计了一个推动研究的模型工具,它可以辅助医疗从业者对处方进行确认或拒绝。处方分类是医学专家遵循的一个步骤,以确保处方是为其临床目的的开出的,并符合患者的情况和历史。

我们根据参与者在日常决策任务中所熟悉的模板和界面来设计模拟场景。这些场景模拟了决策者在可能发生信任校准错误的真实世界场景中可能面临的各种条件和解释类型,例如,由于应用的动态性质而产生的不完美的人工智能建议。

我们选择了一个处方分类案例研究,因为它反映了人类专家和人工智能之间合作完成的高成本决策任务。Naiseh[7]的工作对本文所使用的研究方法和材料进行了更多的解释。

招募和参与者

我们通过电子邮件邀请的方式联系了英国的三家医院，得到了16人的积极回应。由于在数据分析过程中，一些主题和结果是重复的，所以我们没有再联系更多的人。我们遵循Faulkner和Trotter所描述的定性方法达到饱和点的原则[5]。这是一个合理的保证，进一步的数据收集会引入类似的结果，并确认已有的主题。

有关人员的详情见表1。我们制定了一个研究方案，并在两名从业人员中进行了试点测试：一名医学学者和一名人工智能专家。

表1　人员详细信息			
项目	条件	人数	百分比（%）
年龄	20~30岁 30~40岁 40~50岁	5 7 4	31.25 43.75 25
性别	男性 女性	10 6	62.5 37.5
角色	医生 药剂师	4 12	25 75
从业时间	<5年 5~10年 10~15年 >15年	4 8 3 1	25 50 18.75 6.25
医院	A B C	6 6 4	37.5 37.5 25

许可程序

首先，向参与者简要介绍了这项研究，然后给他们一份同意书，让他们签字，并问了一些关于他们自己的问题，比如他们的从业时间。

为了提高收集数据的有效性，我们在设计研究时，避免促使参与者思考解释和信任校准。我们最初将研究目的描述为调查医疗从业者在工作环境中如何使用基于人工智能的工具。我们还提到，基于人工智能的工具可以解释为什么提出了建议。参与者被告知他们可以在任何时候停止实验。实验结束后，我们向他们告知了研究的详细目的。

研究过程

我们给每个参与者提供了10个场景，其中包括基于人工智能的建议。每个场景都有一个解释。我们使用了在最近的文献综述中发现的五种解释类型[6]：局部的、全局的、基于实例的、反事实的和自信的。呈现给参与者的情景是假设的，是与一位肿瘤医生合作设计的。

我们设计的场景是清晰的、具有挑战性的，而不是琐碎的，因此建议、解释和信任校准都是实质性的过程。这最终有助于将我们的参与者置于一个现实的环境中：接触到基于人工智能的建议及其解释，在这个过程中需要进行信任校准，并且可能出现错误。

16名参与者被要求考虑患者的资料、建议和解释做出决定，如果他们认为是正确的，就按照基于人工智能的建议，如果他们认为是错误的，就拒绝它。在每个场景中，参与者都被鼓励在决策过程中将头脑中的想法即时用语言表达出来。他们被要求自由思考，并被鼓励做出最佳决定。

每个参与者都完成了10个场景，分别代表五个解释类别中的两个案例（正确和不正确）。结果是完成了160个决策任务。研究人员观察、录音并做了笔记。最后，我们邀请参与者就他们的任务和可解释性经验进行后续访谈。图1总结了研究的工作流程。

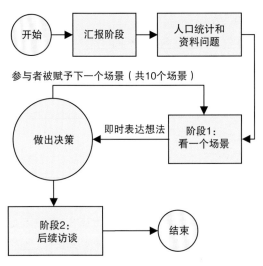

图1 每个参与者的研究工作流程

数据分析

在本研究中,我们收集了两组数据并用于回答我们的研究问题。第一组包括两个研究阶段(即时表达想法和后续访谈)的音频文件的记录。第二组是研究人员的笔记,其中包含他们对参与者的行为和与XAI界面的交互方式的观察。对于定性数据,我们在NVivo工具的支持下进行了内容分析。

作者们举行了一次初步会议,就共同点以及分析范围和风格达成一致。分析工作主要由第一作者完成。其他作者通过频繁的会议对分析进行反复审查,这会带来拆分、修改、放弃或增加类别,以确保所有的响应和它们的背景都得到很好的表达和分类。

优势和局限性

事实证明,将情景与即时表达想法结合使用,对于深入了解决策机制很有价值。本研究的另一个优点是在情景中使用了各种解释类型,这会导致参与者反应不同。所有的人都看到了相同的10个情景。由于我们的样本包括英国的三家不同的医院,所以结果并不局限于某个特定的实践。此外,参与者在从业时间、年龄和性别方面都有差异,使得样本在这个特定的专业领域内具有多样性。

虽然场景是为了反映日常实践而创建的,但从业者经常强调他们在做出决定之前通常会采取的额外步骤,例如与同事讨论和与患者会面。这些选项在研究中没有提供,在研究中,从业人员只能表达他们希望了解关于场景的更多信息。这导致从业人员用自己的知识和现有的解释来工作。

此外,即时表达想法的方法并不能确保决策背后的所有想法都是明确的。一些决策步骤可能已经被隐式应用,即作为隐性知识[9],这可能是用户与解释交互行为的一种情况。我们试图通过后续采访来缓解这一问题。

最后,本研究是定性的,涉及一个相对较小的样本,我们的结果还有待于检验其普遍性。我们的主要目的是阐明为校准信任目标设计XAI时的重要考量。仍然需要进行纵向研究和更客观的措施,通过实验设计,来验证我们的结果,并将它们映射到解释类型。

结果

在本节中,我们展示了研究结果,这些结果是用户在与解释互动时的系统性错误。我们通过观察和即时表达想法的方法,调查了解释不能提高信任度的原因,重点关注了医疗领域专业人员样本中的信任认知层面。

我们的结果表明,对于这个信任方面和样本,用户错误是信任校准中导致错误决策的主要错误来源。然而,这些用户错误可能并不排斥校准信任的设计目标。此外,这些错误也可能与XAI界面的其他设计目标有关，例如AI[25]的公平性和解释的实用性[26]。

我们的分析展示了用户行为主要的三种情况：跳过、应用和误用。在本文的范围内，我们只关注跳过和误用这两种情况，它们与有解释的情况下的信任校准错误有关。如果一个错误发生在所有的解释类型中，我们认为它是系统性的。我们还要求这些错误跨越所有的情景，以避免出现一个问题源于一个或几个情景和设计的情况。图2显示了与160个解释界面交互时的行为的频率分析以及出现的主题（16位参与者中的每一位都看了10张）。

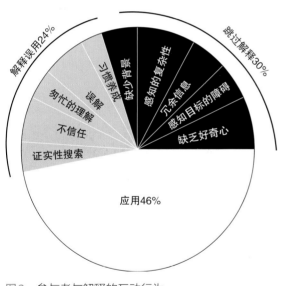

图2 参与者与解释的互动行为

跳过解释

当解释被跳过时，它可能无法支持信任校准过程。我们观察到，一些参与者在没有彻底阅读解释的情况下，就使用我们的基于人工智能的决策工具协同做出了决策。在下面的章节中，我们将描述跳过情况下错误的主要原因。

缺乏好奇心

好奇心是对了解、学习或体验解释的渴望[15]。在研究过程中，参与者使用基于人工智能的工具寻求解释时，缺乏好奇心。他们并不觉得解释能促使他们学习新的想法，解析知识和解决问题。研究[5]提到，"……说实话，我对阅读解释并不感兴趣。……我的意思是，我不觉得这能给我带来新的东西"。

以前的研究表明，人类好奇地寻求解释是有选择性的，这取决于背景和个人特征[10]。例如，当建议不符合他们的期望时，人们可能会更好奇地阅读解释。此外，在解释包含太多特征和信息的情景中，参与者的好奇心程度很低，他们在这些情景中保持沉默。这样的情况导致他们跳过解释，不愿意参与他们认为是需要努力的处理行为。

感知目标的障碍

参与者跳过了他们认为是目标障碍的解释。在研究过程中，他们中的一些人专注于完成任务和用基于AI的工具做决定，而不是阅读解释。根据逆转理论[11]，处于认真状态的人有较高的目标取向，而处于玩乐状态的人有较低的目标取向。在高度关键的决策环境中，人们很可能处于严肃的状态，在这种状态下，额外的信息可能容易被认为是目标障碍。

此外，目标障碍可能与时间限制和多任务处理等因素有关。参与者A提到，"……那个（解释能力）经验很好……但我怀疑它在现实世界中是否有效。医生和药剂师太忙了，无法用解释来验证每个决定"。同样，参与者B补充说，"……我看不出这些解释如何在日常处方筛选中发挥作用"。这样打断用户的任务会导致心理抗拒并逃避[12]。

以前的研究使用心理抗拒理论来解释用户对网络

广告内容的回避[12]。这一理论表明,当人们认为自己的自由受到他人的威胁时,抗拒往往会在心理上被唤醒。这种倾向导致个人通过对威胁作出反应来恢复自由。

在沟通领域,心理抗拒理论解释了为什么有说服力的信息,包括解释,有时会产生与其意图相悖的结果。如果一个信息威胁到了人们,或者试图减少他们做决定的个人自由,他们就会拒绝或远离这个信息。我们认为,增加用户对解释价值的认知,将使解释不太可能被跳过。例如,解释的设计可以与后悔、厌恶的偏见相结合[13]。比如,当人们被告知跳过解释会有一定程度的风险时,他们可能会在阅读解释时变得更加谨慎。

冗余信息

冗余信息是导致跳过解释的另一个原因,正如参与者提到的,在某些场景中,解释包含的信息对他们来说是简单的或是常识。例如,参与者C指出:"普通药剂师不需要看到AI正在考虑的所有这些因素,有些只是简单的规则。"此外,参与者B批评了这种反事实的解释,并表示:"在AI的设置中,提到如果年龄是29岁,AI可能会改变它的决定,这并不是一个有用的解释。我是说,解释应该足够聪明。"

认知科学和解释的研究表明,个人倾向于避免循环和重复的解释[14]。例如,人们拒绝这样的解释:"这个饮食计划之所以有效,是因为它帮助人们减肥。"这种重复的事实,没有额外的证据,会使用户对解释失去信任,甚至回避进一步的解释。

一般来说,人们根据三个主要维度来评价解释的意义:重复性、相关性和连贯性[14]。为了解决这个问题,以前的研究[15]提出了心智理论,提出了在XAI

应用中实现对用户有意义解释的设计方案。该研究认为,智能代理应该跟踪已经向用户解释过的内容,并随着时间的推移不断发展解释。采用自适应和个性化的用户界面[11]也将是一个潜在的解决方向。总之,在未来的人机协作决策工具中,需要技术来明确或隐含地构建一个用户模型,以避免重复的解释。

感知的复杂性

参与者略过解释,因为他们认为理解这些解释需要花费太多时间。例如,长的解释。相反,较短的解释,如反事实的解释,会吸引他们的注意力。例如,参与者E忽略了一个全局性的解释,但是阅读并参与了一个反事实的解释,他提到:"这可能是有用的,但是我不会费力去挖掘这意味着什么"。

参与者讨论了如何快速判断他们是会与解释互动,还是会根据它们的长度完全跳过它们。例如,在全局解释场景中,参与者A表示,"我通常会查找前三个或四个值"。

解释的变量,例如它们的大小以及块和行的数量,似乎使用户感到困惑,并使解释不被接受。冗长的解释需要更多的处理时间,用户满意度较低。导致避免冗长解释的另一个因素可能涉及人们接受解释的顺序[17]。当人们试图形成阅读意向时,往往会依赖一开始呈现在他们面前的信息[16]。因此,解释块的顺序对于吸引用户和避免他们跳过冗长的解释至关重要。

缺少背景

我们发现参与者通常期望解释以任务为中心,并反映他们的领域知识和术语。在一个反事实的解释场景中,参与者D说:"我发现这是不合理的,解释是,如果病人的年龄是50岁，就应该开这个处方。我的意思是，病人的年龄不是我们可以改变的。我原以为会有血检或其他变量，我们可以做些什么。"

另一个因缺乏背景而跳过解释的案例发生在参与者要求提供额外的信息以将解释应用于他们的医疗实践时。跳过全局解释的参与者C提到，"我还想看到病人信息之间的相关性，以判断这是否是这个案例中的有效信息"。总的来说，参与者更倾向于参与反映他们任务特点的解释，而不是理解人工智能的推理。这需要与领域专家（如医学博士）合作进行以用户为中心的迭代设计，以确定以任务为中心的解释。

解释误用

我们观察到，即使参与者参与了解释并注意了解释，他们也会在任务中错误地应用解释。在以下章节中，我们将讨论解释误用的主要情况。

误解

一些参与者误解了我们给出的解释，导致了关于解释和建议的错误结论。例如，参与者F（药剂师）提到，根据他对全局解释的理解，基于AI的工具是有偏见的，那些场景中的解释在建议中对病人的血液检查给予了很高的重要性值。参与者F说，"……所以我们应该只根据血液结果来筛选所有的处方吗？"这样的误解导致了对基于AI的工具的不信任。同样地，参与者C对置信度的解释也有错误的理解，他说，"44%的诊断确定性是一个好的数值"。

参与者依靠他们之前的知识来解释现有的解释，这导致了错误的结论。在基于人工智能的工具中加入一个入门功能，允许用户理解和熟悉解释，这可能是有用的。

Cai等[4]的人机交互工作中使用了这种技术，以使医疗工作者熟悉基于人工智能的癌症预测工具。这提供了一种方法来帮助用户建立该工具的实际能力和局限性的正确的心理模型。例如，视频教程或常见问题可以达到这个目的。

不信任

虽然我们的参与者经常假设解释是合理的，但他们也做好了不信任解释的准备。一些参与者认为这些解释具有欺骗性或不值得信赖。他们很快评估了每一种解释，并对其正确性和有效性表示怀疑。参与者D指出："我想知道以前有没有经验丰富的药剂师看过这个。"

有时，对解释内容的怀疑与对解释来源的怀疑有关。例如，参与者G想知道当地的解释是否考虑了来自不同医院的数据，"我们必须知道这个解释涉及哪些医院，这可能完全改变我对这个解释的看法"。我们的参与者需要一些关于解释的元信息来判断其正确性和解决不信任问题。

人们可能会根据他们对解释来源的动机和能力的了解而对其产生不信任[16]。鉴于心理学文献中这些众所周知的现象，在XAI界面中允许这样的怀疑可能不利于纠正用户不信任。

证实性搜索

参与者没有阅读完整的解释，而是寻找能够证实他们最初假设的信息，也就是说，他们有选择地阅读。当看到基于例子的解释时，身为药剂师的参与者H说："嗯，我会寻找我过去已经经历过的例子。"

在这项研究中，参与者并没有考虑那些与他们的假设相悖的信息来纠正他们的思维模式，相反，他们发现了证实他们的假设的证据，从而进一步加强了他们的思维模式。他们带着对自己最初见解的过度自信完成了他们的解释分析，最终出现了信任校准错误。有几个变量可以促进决策过程中的确认性搜索倾向，比如可用信息量的增加、连续的信息呈现或负面情绪[17]。XAI研究必须寻找鼓励个人阅读完整解释的设计技术，并避免偏见。

匆忙的理解

参与者错误地认为他们对解释的理解比实际理解的更深。这种影响在访谈阶段很明显。例如，参与者H说："嗯，在很多情况下，我可以在阅读前两个例子中的解释后预测AI的工作方式。"同样，参与者I提到，"我有信心告诉你它是如何工作的"。然而，他们未能回答我们后续的问题，这些问题涉及研究细节和结论。

这种误解是过度自信效应的另一个例子。此外，匆忙的理解也可能与解释本身有关，如解释不完整或解释删减，这使得很难有足够的实践来评估自己的理解。一种设计思路是：让用户放慢速度，以便他们对自己的行为进行反思。

习惯养成

由于行动和决策通常是重复的，使用基于人工智能的决策工具的用户很容易在研究过程中养成习惯，参与者对解释的细节逐渐失去兴趣，并完全忽略了它。这种行为与人们对环境的行为和表现的期望的发展有关，表现出类似行为的参与者H提到："我认为这与之前的解释相似。"

这样的习惯可能会损害支持信任校准的解释目标。例如，拥有人工智能诊断经验的医生可能无法注意到人工智能准确性和解释输出的微小变化。持续的合作诊断与积极的结果配对，可能最终导致行为成为自动的，引发与解释输出无关的无意识反应。

习惯也可能是由一系列反应中的预先互动触发的，情绪XAI设计应该监测这种习惯的形成，并试图防止它，例如，当用户过度地同意时，适应性的设计方法可以改变解释界面的结构，从而引发新的思考。

讨论

在人与AI协作决策中，交流解释的一个主要目标是加强信任校准过程。本研究探讨了可解释性在促进人类-AI协同决策和信任校准过程中的作用。其中一个关键的发现是，由于两个主要的用户错误：跳过和误用，解释无法支持用户的信任校准过程。

我们认为，构建XAI界面需要考虑这些错误，并开发设计约束去限制它们，达到支持增强信任校准解释的目标。例如，我们观察到，当参与者认为解释是他们任务的障碍时，跳过解释的频率很高。作为一个推论，将解释融入任务工作流的设计可以限制这种错误，并可能支持信任校准过程，因为用户会阅读解释并理解AI的推理。

另外，校准信任的失败和用户错误之间的关系可以通过分析人类决策过程进一步研究。根据精化似然模型，人们以两种不同的路线处理信息：中心路线，信息处理缓慢且具有反思性；外围路线，信息处理快速且依赖心理捷径[18]。有人认为，个人有使用外围路线的倾向，因为它节省时间和精力，这种处理方式特别适用于时间有限的医疗环境。虽然心理捷径在决策中通常是有效的，但它们无意识和自动的性质使之容易产生认知偏差。

总的来说，使用带有解释的AI决策工具可以减少人们在日常决策任务中的偏见，因为该解释可以激活中心路线[15]。但是，人类的偏见也能影响解释的过程，这最终会导致决策者信任不足或过度信任。

例如，信任不足可能源于锚定偏见，即参与者只看人工智能解释的显著特征，从而判断信息的质量不值得信任。类似地，过度信任可能源于确认偏见，如前所述，参与者倾向于与他们最初假设一致的解释。从这个角度来看，解释的呈现有进一步强化决策者可能已经存在的偏见的风险。这强调了在解释设计中解决认知偏差的必要性。

最后，跳过或误用解释可能是由于参与者没有寻求解释的结果。这种行为限制了用户对人工智能推理及其基本逻辑的学习过程，所以他们的信任没有得到校准。人们发现，尽管有解释，但人们可能只利用其中的一小部分，或者即使在需要解释的时候也避免寻求解释。因此，如果解释是为了校准用户的信任，有效的寻求解释的行为可能有助于改善用户的学习和信任校准过程。

我们的结果提出了一个新的要求，即XAI界面要注重增加寻求解释的行为，特别是在与AI互动的早期阶段。这有可能通过应用说服性设计[27]和学习[20]的原则来实现。

为信任校准设计解释，已被确定为安全和有效的人工智能支持的决策工具的主要目标之一。然而，现有文献仍然不清楚为什么解释并不都支持用户信任校准。这促使本工作去探索人们在人与AI协作决策任务中如何与解释互动。我们专注于解释不能有效支持用户校准其信任的情况。总的来说，信任校准的可解释性可能会与可用性冲突：信任校准需要用户的额外努力，比如阅读和与解释互动。因此，在人与AI协作决策环境中融入解释需要分析和探索支持这种可解释而非可用性的成本和收益。

致谢

该工作由iQ Health Tech和伯恩茅斯大学PGR发展基金资助，同时也得到了UKRI可靠自主系统中心（EP/ V00784X/1）的支持。这项工作在其研究中涉及人类主体或动物，所有的伦理和实验程序与方案都得到了伯恩茅斯大学伦理委员会的批准。◼

参考文献

[1] M. Naiseh, N. Jiang, J. Ma, and R. Ali, "Personalising explainable recommendations: Literature and conceptualisation," in *Proc. World Conf. Information Syst. Technol.*, Cham: Springer-Verlag, Apr. 2020, pp. 518–533.

[2] Y. Zhang, Q. V. Liao, and R. K. Bellamy, "Effect of confidence and explanation on accuracy and trust calibration in AI-assisted decision making," in *Proc. Conf. Fairness, Accountability, Transparency*, Jan. 2020, pp. 295–305. doi: 10.1145/3351095.3372852.

[3] J. D. Lee and K. A. See, "Trust in automation: Designing for appropriate reliance," *Hum. Factors*, vol. 46, no. 1, pp. 50–80, 2004. doi: 10.1518/ hfes.46.1.50.30392.

[4] C. J. Cai, S. Winter, D. Steiner, L. Wilcox, and M. Terry, "'Hello AI': Uncovering the onboarding needs of medical practitioners for human-AI collaborative decision-making," *ACM Hum.-Comput. Interaction*, vol. 3, no. CSCW, pp. 1–24, 2019. doi: 10.1145/3359206.

[5] S. L. Faulkner and S. P. Trotter, "Data saturation," in *The International Encyclopedia of Communication Research Methods,* J. Matthes, C. S. Davis, and R. F. Potter, Eds. Hoboken, NJ: Wiley, 2017, pp. 1–2.

[6] A. B. Arrieta et al., "Explainable Artificial Intelligence (XAI): Concepts, taxonomies, opportunities and challenges toward responsible AI," *Inform. Fusion*, vol. 58, pp. 82–115, June 2020. doi: 10.1016/j.inffus.2019.12.012.

[7] M Naiseh, "Explainable recommendations and calibrated trust – Research protocol," Bournemouth University, Bournemouth, Tech. Rep. 35306, 2021. [Online]. Available:

关于作者

Mohammad Naiseh　英国南安普顿大学电子和计算机科学学院研究员，研究兴趣包括可解释人工智能和人机交互。在伯恩茅斯大学获得可解释人工智能的博士学位。联系方式：m.naiseh@soton.ac.uk。

Deniz Cemiloglu　英国伯恩茅斯大学计算机和信息学系博士生，研究领域包括数字成瘾和设计责任。在伦敦经济学院获得社会和公共信息的硕士学位。联系方式：dcemiloglu@bournemouth.ac.uk。

Dena Al-Thani　卡塔尔哈马德-本-哈里法大学科学与工程学院信息与计算技术部助理教授。研究兴趣包括人机交互行动、包容性设计、无障得性和电子健康。在伦敦玛丽皇后大学获得计算机科学博士学位。联系方式：dalthani@hbku.edu.qa。

Nan Jiang　英国伯恩茅斯大学计算机和信息学系副教授，研究兴趣包括人机交互和为新兴技术和需求开发新的可用性评估方法。在伦敦玛丽皇后大学获得网络可用性博士学位。联系方式：njiang@bournemouth.ac.uk。

Raian Ali　卡塔尔哈马德-本-哈里法大学科学和工程学院信息与计算技术部教授。研究兴趣包括技术设计和社会要求之间的相互关系，如动机、透明度、幸福感和责任。在特伦托大学获得软件工程博士学位。联系方式：raali2@hbku.edu.q。

http://eprints. bournemouth.ac.uk/35306/.

[8] M. D. Wolcott and N. G. Lobczowski, "Using cognitive interviews and think-aloud protocols to understand thought processes," *Currents Pharmacy Teach. Learn.*, vol. 13, no. 2, pp. 181–188, 2020. doi: 10.1016/j.cptl .2020.09.005.

[9] J. Howells, "Tacit knowledge," *Technol. Anal. Strategic Manage.*, vol. 8, no. 2, pp. 91–106, 1996. doi: 10.1080/09537329608524237.

[10] G. M. Wrobel, H. D. Grotevant, D. R. Samek, and L. V. Korff, "Adoptees' curiosity and information-seeking about birth parents in emerging adulthood: Context, motivation, and behavior," *Int. J. Behav. Develop.*, vol. 37, no. 5, pp. 441–450, 2013. doi: 10.1177/0165025413486420.

[11] M. Apter, "Reversal theory: What is it?" *Psychol.-Leicester*, vol. 10, pp. 217–220, May 1997.

[12] J. Van Doorn et al., "Customer engagement behavior: Theoretical foundations and research directions," *J. Service Res.*, vol. 13, no. 3, pp. 253–266, 2010. doi: 10.1177/1094670510375599.

[13] A. Caraban, E. Karapanos, D. Gonçalves, and P. Campos, "23 ways to nudge: A review of technology-mediated nudging in human-computer interaction," in *Proc. CHI Conf. Hum. Factors Comput. Syst.*, May 2019, pp. 1–15.

[14] F. C. Keil, "Explanation and understanding," *Annu. Rev. Psychol.*, vol. 57, no. 1, pp. 227–254, 2006. doi: 10.1146/annurev.psych.57.102904.190100.

[15] T. Miller, "Explanation in artificial intelligence: Insights from the social sciences," *Artif. Intell.*, vol. 267, pp. 1–38, Feb. 2019. doi: 10.1016/ j.artint.2018.07.007.

[16] D. M. Oppenheimer, "Spontaneous discounting of availability in frequency judgment tasks," *Psychol. Sci.*, vol. 15, no. 2, pp. 100–105, 2004. doi: 10.1111/j.0963-7214.2004.01502005.x.

[17] P. Fischer, S. Schulz-Hardt, and D. Frey, "Selective exposure and information quantity: How different information quantities moderate decision makers' preference for consistent and inconsistent information," *J. Personality Soc. Psychol.*, vol. 94, no. 2, p. 231, 2008. doi: 10.1037/0022-3514.94.2.94.2.231.

[18] J. S. B. Evans, "Dual-processing accounts of reasoning, judgment, and social cognition," *Annu. Rev. Psychol.*, vol. 59, no. 1, pp. 255–278, 2008. doi: 10.1146/annurev. psych.59.103006.093629.

[19] W. Wood and D. Rünger, "Psychology of habit," *Annu. Rev.*

Psychol., vol. 67, no. 1, p. 67, 2016. doi: 10.1146/ annurev-psych-122414-033417.

[20] V. Aleven, E. Stahl, S. Schworm, F. Fischer, and R. Wallace, "Help seeking and help design in interactive learning environments," *Rev. Educ. Res.*, vol. 73, no. 3, pp. 277–320, 2003. doi: 10.3102/00346543073003277.

[21] A. Bussone, S. Stumpf, and D. O'Sullivan, "The role of explanations on trust and reliance in clinical decision support systems," in *Proc. Int. Conf. Healthcare Informatics*, Oct. 2015, pp. 160–169. doi: 10.1109/ICHI.2015.26.

[22] A. R. Wagner and P. Robinette, "An explanation is not an excuse: Trust calibration in an age of transparent robot," in *Trust in Human-Robot Interaction C. Nam and J. Lyons, Eds.* New York: Academic, 2021, pp. 197–208.

[23] R. Tomsett et al., "Rapid trust calibration through interpretable and uncertainty-aware AI," *Patterns*, vol. 1, no. 4, p. 100,049, 2020. doi: 10.1016/j. patter.2020.100049.

[24] W. Kool and M. Botvinick, "Mental labour," *Nature Human Behav.*, vol. 2, no. 12, pp. 899–908, 2018. doi: 10.1038/ s41562-018-0401-9.

[25] N. Schmitt, F. L. Oswald, B. H. Kim, M. A. Gillespie, and L. J. Ramsay, "The impact of justice and self-serving bias explanations of the perceived fairness of different types of selection tests," *Int. J. Selection Assessment*, vol. 12, nos. 1–2, pp. 160–171, 2004. doi: 10.1111/j.0965-075X.2004.00271.x.

[26] M. Narayanan, E. Chen, J. He, B. Kim, S. Gershman, and F. DoshiVelez, "How do humans understand explanations from machine learning systems? an evaluation of the human-interpretability of explanation," 2018, arXiv:1802.00682.

[27] H. Oinas-Kukkonen and M. Harjumaa, "Persuasive systems design: Key issues, process model, and system features," *Commun. Assoc. Inform. Syst.*, vol. 24, no. 1, p. 28, 2009. doi: 10.17705/1CAIS.02428.

（本文内容来自Computer, Oct. 2021） **Computer**

软件网络安全认证的挑战

文 | José L. Hernández-Ramos 欧盟委员会联合研究中心
Sara N. Matheu, Antonio Skarmeta 穆尔西亚大学
译 | 闫昊

2019年，欧盟新的网络安全法规《网络安全法》(CSA)[1]生效，为信息与通信技术（information and communication technology，ICT）的认证创建了一个共同框架。这一框架的主要目的是减少目前网络安全认证的碎片化[2]，并通过促进欧盟国家对认证的ICT组件的相互承认，以增加终端用户对超连接社会的信任[3]。

尽管网络安全认证在终端用户的透明度方面有预期的好处，但软件提供商仍然认为网络安全认证是一个昂贵而复杂的过程。事实上，认证可能会导致新系统发布的延迟，带来重大的经济影响[4]。那么，从行业的角度来看，企业为什么要投入时间和金钱来认证ICT组件和系统呢？这不是一个容易回答的问题，因为缺乏安全意识，企业对安全和隐私的需求还不高[5]。其结果是一个恶性循环，缺乏需求导致软件提供商反对网络安全认证，而网络安全认证反过来又会提高用户的意识。

在此背景下，我们认为，实现CSA推动的网络安全认证框架是提高对ICT系统网络安全的认识的关键。然而，它需要认证机构、制造商和软件提供商的共同努力，以便ICT系统根据其软件组件的网络安全性进行认证。正如欧盟网络安全局(ENISA)最近的一份报告所提到的那样[6]，这一问题可以通过将网络安全要求纳入软件组件的开发、维护和操作中来解决。因此，我们的主要目标是提高人们对网络安全认证挑战的认识，以便终端用户能够通过更值得信赖的数字生态系统利用认证的好处。根据ENISA最近提供的报告[4、6]以及我们自己在这方面的经验[7]，主要包括以下几个方面：

（1）不同保障级别下的定义和认证，这些级别由CSA定义，认证机构和制造商在认证其系统时需要考虑这些级别。

（2）软件可组合性和软件更新，它们影响整个系统及其组件在其生命周期中的认证，制造商和软件提供商以及网络安全认证从业人员需要确定不同认证方案之间的关系。

（3）制定协调漏洞披露（coordinated vulnerability disclosure，CVD）程序，漏洞查找者（如某公司或网络安全研究人员）必须遵循该程序，以保持软件提供商对其系统的控制。

网络安全认证保障级别

保障级别涉及必须认证的内容以及认证的深度。对软件组件的评估应考虑部署该组件的系统以及认证过程的不同保障级别。这些保障级别由CSA法规定义，以保证认证过程的严格性和深度，协调现有认证计划提供的不同级别。例如，众所周知的通用标准体系（Common Criteria Scheme）已经定义了自己的评估保障级别，目的也是相同的[8]。通过这种方式，可以根据特定的保障级别对软件组件进行评估，并考虑其

将被使用的环境和领域。但是，在创建软件组件时，这可能是未知的，或者同一软件组件可能部署在不同保障级别和环境下认证的系统中。

同一软件组件是否应根据不同保障级别和部署环境进行多次认证？

如果没有轻量级和高效的方法，这可能会使软件提供商更不愿意使用认证。此外，应该根据商定的网络安全标准来衡量某个保障级别的实现情况。然而，目前还缺乏执行这些过程的标准和广泛使用的方法[9]。这可能会降低用户对软件组件网络安全认证的信任度。事实上，终端用户可能会发现很难比较采用不同方案或基于不同标准认证的各种 ICT 系统的网络安全水平。因此，为不同的保障级别使用一套统一的标准是网络安全认证的一个关键因素。

软件可组合性

单个 ICT 技术系统可能由软件组件和子系统组成。因此，该系统的网络安全认证取决于每个子系统和软件组件的认证。但是，这些组件可能都已使用不同的方案和保障级别进行了认证。因此，问题就变成了，应该如何组合每个组件的不同证书来组成系统的网络安全认证？

此外，软件组件的开发可能与特定的硬件或系统无关。因此，特定硬件或特定系统中的模块认证可能对其组成无效，这可能会妨碍使用以前的证书重新对整个系统进行认证。在这种情况下，需要确定认证中的哪些信息可以帮助避免（至少部分地）重新认证组件。如果没有适当的措施，可能需要一个新的认证，并需要额外的工作和成本。

每个软件组件提供的安全级别之间的关系还将取决于这些模块如何互连。实际上，软件库中的某个漏洞可能或多或少地被利用，这取决于系统对该库的使用。此外，在日益互连的世界中，某个软件组件的安全性可能会受到与该组件通信的系统的安全级别的影响。事实上，如果其系统需要与易受攻击的系统进行通信以进行预期操作，则该系统的安全级别可能会降低。

要解决这些问题，一个关键因素是确定软件组件和认证方案之间的关系。为此，还需要建立一套通用的要求和指导方针，以促进有效和高效的可组合性，并兼顾使用环境和 CSA 保障级别。这些方面对于应对新兴场景的网络安全认证至关重要，例如正在开发的密切接触者追踪程序，以抑制新冠肺炎的传播。事实上，这类系统将由多个组件组成，包括移动应用和后端服务器，这些组件可以根据不同的方案和不同的要求进行认证，这具体取决于国家/地区。

软件更新

根据 CSA 的规定，网络安全认证计划必须在 ICT 系统的整个生命周期中提供支持。这意味着某个系统的网络安全级别可能会在其生命周期中发生变化，因此，该系统可能需要重新认证。特别是，在 ICT 系统的生命周期内，其软件组件将进行更新，以扩展功能或处理安全问题。这些更新可能会修改与系统内其他组件的交互和通信，甚至会修改与其他系统的交互和通信。除了更新组件本身之外，还可以修改软件模块的运行环境。此外，软件组件的认证可能在系统整个生命周期内过期。随之而来的问题就是软件更新如何影响软件组件和整个系统的网络安全认证？

根据软件更新的类型，可能需要重新对组件进行网络安全认证，而这又可能需要对部署该组件的系统进行重新认证。在此过程中，软件组件（甚至整个系统）可能无法运行，并且容易受到攻击和威胁。因此，应以稳定的软件版本为基础，将系统置于安全状态，这可能需要系统来管理和跟踪与软件组件相关联的不同软件版本。此外，由于重新认证的潜在成本，制造商和软件提供商可能不愿为其系统定期更新，或者他们可能会在不使用重新认证的情况下更新系统。为了解决这一问题，使用轻量级、高效和自动化的测试技术对于重新认证至关重要，以便鼓励软件提供商重新认证其更新的系统。

CVD

当前物理设备互连的趋势意味着可被利用的攻击面急剧增加。虽然缓解此类攻击和漏洞需要合适的安全机制和协议，但有效的漏洞披露和共享是网络安全认证的关键因素。事实上，CSA明确提到使用列出漏洞的存储库作为经认证的ICT系统的补充网络安全信息来源。主要原因是，漏洞储存库可以增强人们对ICT系统的信任，提高对网络安全风险的认识，并有助于跟踪ICT系统在整个系统生命周期中的网络安全水平。

然而，正如欧洲政策研究中心最近的一份报告所述[10]，CVD框架的实现需要欧盟层面不同利益相关者的合作和协作，包括制造商和漏洞查找者。CVD流程包括漏洞的发现、报告、发布和补救，以将相关风险降至最低，并提高终端用户的透明度。因此，CVD可以帮助搭建网络安全认证和软件行业的桥梁。

但软件提供商是否愿意共享有关其组件漏洞的信息？

为了应对这一方面的问题，应该披露漏洞，在漏洞被攻击者发现之前，让制造和软件提供商及时可靠地准备补丁并通知用户。为此，我们认为必须促进欧盟漏洞披露进程平台的发展。正如ENISA最近的一份报告所建议的那样[6]，该平台可用于共享来自ICT系统的额外网络安全信息，包括威胁模型、测试流程、软件版本和有关认证方案的信息。为了实现这样的目标，可以考虑使用区块链等新兴技术来建立一个透明的欧盟平台，制造商、软件提供商和终端用户可以在这个平台上共享有关ICT系统的网络安全信息[11]。该平台将有助于促进软件开发活动与网络安全认证进程的一致性。

未来发展方向？

持续的技术进步将使新的ICT系统得以开发，塑造造福社会的创新数字生态系统。正如CSA所承认的那样，这需要认证体系提供高度的灵活性，适应不断变化的技术环境，以避免过时的风险。此外，CSA法规考虑发布联合滚动工作计划（第47条），该计划将定期更新，以根据市场需求等标准确定未来认证计划的战略优先事项。

5G技术和系统的开发旨在改变下一个数字时代。这些系统将丰富软件组件，这些软件组件的网络安全将影响5G技术的部署。

所以，网络安全认证如何助力5G部署？

正如《5G网络安全》建议所述[12]，网络安全认证框架的实现应促进一致的安全级别，并创建适应5G相关设备和软件的认证方案。网络安全认证计划的使用将促进对5G系统的威胁、攻击和风险的共识，这将有助于所有欧盟成员国对5G系统的网络安全水平有所了解。

除了5G系统，未来还可以考虑开发人工智能系统和量子计算技术进行网络安全认证。要想取得成功，网络安全认证必须与软件开发过程齐头并进，以促进更安全的ICT系统。

感谢

这项工作由欧盟委员会通过 H2020-830929 CyberSec4Europe 和 H2020-952702 BIECO 项目提供部分资助。█

参考文献

[1] European Parliament, "Regulation (EU) 2019/881 of the European Parliament and of the Council of 17 April 2019 on ENISA (the European Union Agency for Cybersecurity) and on Information and Communications Technology Cybersecurity Certification (Cybersecurity Act)," 2019. Accessed: Oct. 23, 2020. [Online]. Available: https://eur-lex. europa .eu/eli/reg/2019/881/oj.

[2] "State of the art syllabus: Overview of existing cybersecurity standards and certification schemes v2," European Cyber Security Organisation, Brussels, Belgium, 2017. [Online]. Available: https://ecs-org.eu/documents/ publications/5a31129ea8e97.pdf.

[3] J. L. Hernandez-Ramos, D. Geneiatakis, I. Kounelis, G.

关于作者

José L.Hernández-Ramos 欧盟委员会联合研究中心科学项目官员，该中心位于意大利瓦雷塞伊斯普拉。研究兴趣包括安全和隐私机制在物联网和运输系统中的应用。获得穆尔西亚大学计算机科学博士学位。曾担任不同国际会议的技术项目委员会成员和主席。联系方式：jose-luis.hernandez-ramos@ec.europa.eu。

Sara N.Matheu 穆尔西亚大学博士后研究员。研究兴趣与物联网安全认证相关。2020年获得穆尔西亚大学计算机科学博士学位。参与了几个项目，包括ARMOUR、CyberSec4Europe和BIECO。联系方式：sara nieves.matheu@um.es。

Antonio Skarmeta 穆尔西亚大学信息与通信工程系全职教授。研究兴趣包括安全服务集成、身份识别、物联网和智慧城市。获得穆尔西亚大学计算机科学博士学位。发表了200多篇国际论文，并是几个项目委员会的成员。联系方式：skarmeta@um.es。

Steri, and I. Nai Fovino, "Toward a data-driven society: A technological perspective on the development of cybersecurity and data-protection policies," *IEEE Security Privacy*, vol. 18, no. 1, pp. 28–38, Jan. 2020. doi: 10.1109/MSEC.2019.2939728.

[4] "Considerations on ICT security certification in EU - Survey report," European Network and Information Security Agency, Athens, Greece, 2017. [Online]. Available: https://www.enisa.europa.eu/ publications/certification_survey.

[5] K. Busse, J. Schäfer, and M. Smith, "Replication: No one can hack my mind revisiting a study on expert and non-expert security practices and advice," in *Proc. 15th Symp. Usable Privacy Security (SOUPS)*, 2019, pp. 117–136.

[6] "Advancing software security in the EU. The role of the EU cybersecurity certification framework," European Network and Information Security Agency, Athens, Greece, 2019. [Online]. Available: https://www.enisa.europa.eu/publications/advancing-software -security-through-the-eu-certification -framework/at_download/fullReport.

[7] S. N. Matheu, J. L. Hernandez-Ramos, and A. F. Skarmeta, "Toward a cybersecurity certification framework for the Internet of Things," *IEEE Security Privacy*, vol. 17, no. 3, pp. 66–76, May 2019. doi: 10.1109/ MSEC.2019.2904475.

[8] D. S. Herrmann, *Using the Common Criteria for IT Security Evaluation*. Boca Raton, FL: CRC Press, 2002.

[9] "Support of the cybersecurity certification - Recommendations for European standardisation in relation to the Cybersecurity Act," European Network and Information Security Agency, Athens, Greece, 2019. [Online]. Available: https://www.enisa.europa.eu/publications/recommendations-for-european-standardisation-in-relation-to-csa-i/at_download/fullReport.

[10] L. Pupillo, A. Ferreira, and G. *Varisco, Software Vulnerability Disclosure in Europe: Technology, Policies and Legal Challenges: Report of a CEPS Task Force*, CEPS Task Force Reports, Brussels, Belgium: Centre for European Policy Studies, June 28, 2018. [Online]. Available: https://www.ceps.eu/download/ publication/?id=10636&pdf= CEPS%20TFRonSVD%20 with%20cover_0.pdf.

[11] R. Neisse et al., "An interledger blockchain platform for cross-border management of cybersecurity information," *IEEE Internet Comput.*, vol. 24, no. 3, pp. 19–29, June 2020. doi: 10.1109/MIC.2020. 3002423.

[12] European Commission, "Commission recommendation of 26. 3.2019: Cybersecurity of 5G networks," 2019. Accessed: Oct. 23, 2020. [Online]. Available: https:// eur-lex.europa.eu/legal-content /EN/TXT/PDF/?uri=CELEX:32 019H0534&from=GA.

（本文内容来自 IEEE Security & Privacy, Jan./Feb. 2021） **SECURITY PRIVACY**

直觉和理性相结合，为女性软件设计师的设计增加了功能上的新颖性

文 | Carianne Pretorius, Maryam Razavian, Katrin Eling, Fred Langerak　埃因霍温理工大学
译 | 涂宇鸽

在软件设计方面，不同的认知风格可以增加设计的新颖性。通过详细的实验，我们发现，在所有参与者中，偏好一种以上认知方式（直觉和理性）的女性从业者，产出软件的功能新颖性最强。

和其他人一样，软件设计从业者也有不同的认知风格。认知风格是人们获取、组织、处理信息的不同方式[1]。直觉和理性就是两种认知风格。直觉风格的从业者可能会很快完成工作，主观认定他们的解决方案是正确的。相反，理性风格的从业者做出特定功能的速度较慢，他们会在可用需求的情境中证明自己方案是合理的。从业者可以在任何时间，以特定顺序，甚至同时使用这两种风格。然而，他们往往倾向于在特定情况中依赖一种或两种风格[2]，这称为他们的性格风格。

软件工程社区有一个共识，从业者在设计软件时，偶尔会依赖他们的直觉。尽管如此，软件开发过程的重点通常是借助理性化的过程、工具、技术，促进理性的认知风格。与此同时，直觉风格潜在的优点在很大程度上被忽视了[3]。直觉的优点之一是新颖性[4]，对于解决不平等、气候变化、身体不佳等复杂的社会问题至关重要。

为什么追求功能新颖？

在为复杂问题设计软件时，从业者（如产品设计师和需求工程师）会创建新功能来（部分）解决问题。首先，这些从业者往往会在白板或纸上草列出设计的各种想法[5]。然后，他们会在理解问题和思考潜在功能之间来回往复，在取得进展的同时更新自己的想法。

如今，软件方案适用于解决社会问题。然而现实中，这些问题也要求软件功能具备相当程度的新颖性[6]。

认知风格、性别和功能新颖性

直觉和理性都与新颖性呈正相关。经证明，直觉可以通过整体信息处理、联想思维，产出更新颖的解决方案[4]：“抓重点”。理性使从业者能够评估细节，分析、比较潜在的解决方案[2,7]。然而，这些结果是否适用于软件设计，还有待观察。

尽管认知风格本质上不特定于性别，但研究表明，性别和工作类型的相互作用会影响对直觉的偏好[7]。由于软件工程行业中的女性比例往往处于弱势[8]、进入该领域时面临特别的障碍[9]、被许多偏见影响[10]，我们特别好奇，从业者设计软件功能的新颖性是否会因性别和认知风格而异。本研究涉及男性和女性时，将性别视为一种自我认同构建，它可能与生物学表现形式一致，也可能不一致[11]。

鉴于认知风格和功能新颖性间的潜在关联、风格偏好的性别差异，我们研究了认知风格和性别的某种组合是否会增加软件功能新颖性。

实验设计

我们与从业者进行了一项实验，既进行了实验控制，也保持了在现实世界的适用性。我们通过在线平台 Profilic 招募从业者，他们的主要任务是软件工程的高级功能设计。这些参与者熟悉任务的复杂度，并能给出粗略线框草图。首先，他们参与了一项功能设计任务。之后，相同的参与者被随机分配评估其他人设计的 10 个功能的新颖性。我们选择“肥胖”为实验情境，因为这一话题为大众所知，是参与者熟悉的问题。

功能设计任务

参与者拿到问题解释，指示他们为移动应用程序设计至少一个功能。然后，他们有 15 分钟的时间在纸上草列出软件功能，使用基本模板进行适当的解释[5]。图 1 展示了一部分设计功能草图。

之后，如果参与者设计了多个功能，我们要求参与者标明其中哪些最能解决问题。参与者拍摄或扫描他们的功能草图并上传。

为了测量参与者的认知风格，我们使用了理性 - 经验量表，包含五个使用直觉的陈述和五个使用理性的陈述[2]，使用“完全不同意”到“完全同意”七点量表进行测量。我们删除了一项降低效度的合理性量表。

我们在同期收集了参与者的自我认知性别，询问了工作经验、行业角色、年龄、对肥胖话题熟悉程度等问题。参与者完成这部分研究后，获得了 4 英镑的报酬。

功能评估任务

完成设计任务后，我们再次联系参与者，随机分成五人一组，每组评估同样 10 个随机选择的功能（不包括组员自己的设计）。对每个功能草图，参与者需要回答以下问题：“与市场上现有应用程序的功能相比，这个功能有多新颖？”他们的回答按照“完全不新颖”到“完全新颖”的五点量表进行记录。参与者评估完所有 10 项功能后，获得了 2 英镑的报酬。为了测量功能的新颖性，我们将每个参与者得到的五次最佳（或唯一）评估成绩的平均数作为他们的新颖性分数。

样本

110 名从业者设计的评分最高的功能参与了评估。在清理数据后，这一数字减少到了 80。在所有参与者

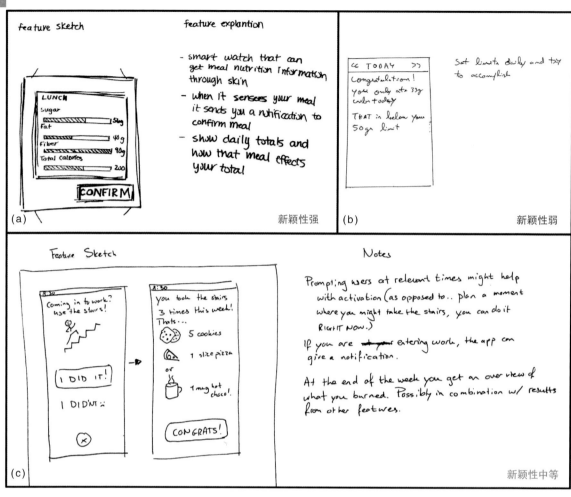

图1　部分设计软件功能的新颖性评分（a）强，（b）弱，（c）中等

中，26.25% 为女性，73.75% 为男性。在所有参与者中，23.8% 的人对直觉的偏好较高，对理性的偏好较低；22.5% 的人对理性的偏好较高，对直觉的偏好较低；22.5% 的人对两者偏好都较高；31.2% 的人对任何一种认知风格都没有偏好。参与者的设计经验从不满一年到二十年以上，平均为 5.44 年。

数据分析

　　我们使用分层调节回归分析，探究性别、直觉风格、理性风格是否能够解释三者单独和组合时功能新颖性的差异。因此，我们的模型中既有三个单独的变量，又以所有可能的二元和三元组合方式包括了这三

个变量。考虑到其他影响，我们最初还包括了设计的功能数、模型参与者的经验和年龄，但这些与功能新颖性无关。最终模型中变量 R 平方值为 0.196，系数 F 值为 2.509，占参与者功能新颖性方差的 19.6%（常数为 2.510）。

认知风格和性别如何解释功能新颖性

认知风格本身不重要

　　我们发现认知风格本身与功能的新颖性无关。直觉和理性的认知风格本身都没有引导参与者设计出更新颖的软件功能。

女性从业者设计出了更多新功能

相比之下，性别与功能新颖性呈正相关。我们发现，实验中的女性从业者比男性产出了更多新颖的软件功能。

女性从业者的认知风格很重要

认知风格和性别的组合也与功能新颖性呈正相关。具有较高直觉偏好的女性从业者设计出了更多新颖的软件功能。此外我们发现，女性从业者在同时偏好直觉和理性时，会产出最新颖的功能。

图2的两个热图说明了男性和女性从业者的直觉、理性、功能新颖性间的关系。需要记住的是，在回归模型中，只有女性从业者的高直觉、高直觉和高理性组合的部分具有统计显著性。

讨论和要点

我们的研究表明，认知风格（直觉和理性）和性别对软件功能的新颖性都很重要。据此得出本研究的几个重要结论。

首先，本研究中性别与软件功能的新颖性呈正相关，因此，进一步调查女性从业者在软件设计活动中的作用非常重要。软件团队或可从女性的参与中受益，但这一点有待经验证实。

其次，两种认知风格本身都与新颖性没有正相关，因此，依赖单一认知风格，无视其他因素，追求软件功能的新颖性，是没有意义的。软件工程的先前

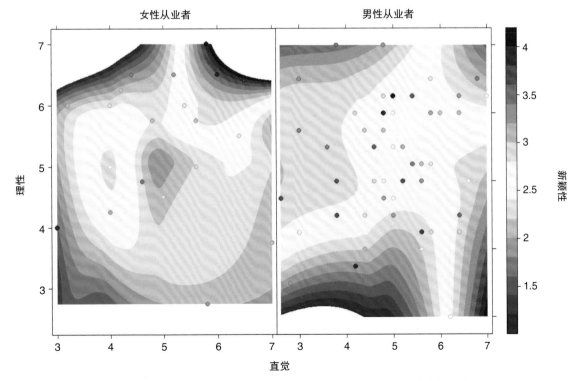

图2 性别划分的认知风格和软件功能新颖性间关系图。红色和蓝色的区域分别代表新颖性强和弱

研究和经验或明确（如设计推理技术）[12]或隐性地（如推行结构化开发方法和生命周期模型）[13]规范了理性的使用。我们的研究也并非只关注理性或直觉。相反，我们认为需要考虑到其他因素，尤其是从业者的性别。

实际上，我们发现性别会影响软件功能设计中使用的认知风格。在设计软件功能时，我们不应阻止女性从业者完全依靠直觉，或结合理性与直觉。在实践中，我们甚至可以通过头脑风暴、画草图等方式提高直觉，以提出潜在的解决方案，给女性从业者一个遇到问题后的"孵化期"（即暂时分散考虑问题的注意力）[14]。

目前，我们还无法从回归模型的男性部分得出结论，但在本研究外的环境中，具有直觉或理性倾向的男性从业者可能会设计出比其他男性同行更为新颖的功能。这也提出了一个问题，即强行要求直觉较强的男性从业者采取理性风格，是否真的对他们有益？

据我们所知，这是第一项调查认知风格和性别组合与软件性能间关系的研究。我们希望它能够鼓励研究者继续探究这一重要主题。然而，在研究设计中，我们只考虑了解决问题的黑盒方法，没有考虑男性和女性从业者设计软件功能的方式有何不同。白盒研究，尤其是定性设计研究，对于理解此类实践差异是必不可少的。举个例子，或许我们发现的差异，可以用女性从业者有时需要证明自己的压力来解释[15]。

本研究的黑盒性质导致了另外两个可能的局限性：虽然我们控制了许多无关变量，但可能还有其他变量，如我们没有控制的自信程度[10]；虽然我们的样本包括了来自许多地域和行业角色的软件设计从业者，但它仍可能不完全具有代表性。

最后，我们的研究集中在个体层面。虽然个体研究在一些方面也适用于团队层面，但研究者还应当探究团队设计出的软件的新颖性。团队在认知风格和性别比例方面可能会有所不同。基于这些差异，个体从业者间的互动可能会对软件新颖性带来独特影响。**C**

参考文献

[1] I. Aggarwal and A. W. Woolley, "Team creativity, cognition, and cognitive style diversity," *Manage. Sci.*, vol. 65, no. 4, pp. 1586–1599, 2019. doi: 10.1287/ mnsc.2017.3001.

[2] S. Epstein, R. Pacini, V. Denes-Raj, and H. Heier, "Individual differences in intuitive–experiential and analytical–rational thinking styles," *J. Personality Social Psychol.*, vol. 71, no. 2, pp. 390–405, 1996. doi: 10.1037/0022-3514.71.2.390.

[3] C. Pretorius, M. Razavian, K. Eling, and F. Langerak, "Towards a dual processing perspective of software architecture decision making," in *Proc. IEEE 15th Int. Conf. Softw. Architecture Companion (ICSA-C 2018)*, Piscataway, NJ: IEEE, 2018, pp. 48–51. doi: 10.1109/ ICSA-C.2018.00021.

[4] J. Pétervári, M. Osman, and J. Bhattacharya, "The role of intuition in the generation and evaluation stages of creativity," *Front. Psychol.*, vol. 7, no. 1420, pp. 1–12, 2016. doi: 10.3389/ fpsyg.2016.01420.

[5] R. Mohanani, P. Ralph, and B. Shreeve, "Requirements fixation," in *Proc. 36th Int. Conf. Softw. Eng. (ICSE'14)*, Hyderabad, India: ACM, 2014, pp. 895– 906. doi: 10.1145/2568225.2568235.

[6] D. H. Cropley, *Creativity in Engineering: Novel Solutions to Complex Problems*. London: Academic Press, 2015.

[7] C. Akinci and E. Sadler-Smith, "Assessing individual differences in experiential (intuitive) and rational (analytical) cognitive styles," *Int. J. Selection Assessment*, vol. 21, no. 2, pp. 211–221, 2013. doi: 10.1111/ ijsa.12030.

[8] B. Vasilescu, A. Capiluppi, and A. Serebrenik, "Gender, representation and online participation: A quantitative study of StackOverflow," in *Proc. 2012 ASE Int. Conf. Social Informatics*, pp. 332–338. doi: 10.1109/ SocialInformatics.2012.81.

关于作者

Carianne Pretorius 埃因霍温理工大学工业工程学院博士生。研究兴趣包括软件设计决策、认知学、软件工程人文研究。获南非斯泰伦博斯大学社会信息学硕士学位（优等）。更多信息请访问 https://cariannepretorius.github.io/。联系方式：c.pretorius@tue.nl。

Maryam Razavian 埃因霍温理工大学工业工程助理教授。研究兴趣包括软件设计推理、软件设计人文研究、软件架构、面向服务。获荷兰阿姆斯特丹自由大学计算机科学专业博士学位。IEEE和ACM会士。联系方式：m.razavian@tue.nl。

Katrin Eling 埃因霍温理工大学工业工程学院新产品开发助理教授。研究兴趣包括创新前端成功管理。获埃因霍温理工大学博士学位。联系方式：k.eling@tue.nl。

Fred Langerak 埃因霍温理工大学工业工程学院创新、技术创业、营销小组的产品开发和管理教授。研究侧重于产品构思、设计、开发、推广、售后跟进的管理干预。获荷兰鹿特丹伊拉斯姆斯经济学院博士学位。联系方式：f.langerak@tue.n。

[9] A. Wolff, A. Knutas, and P. Savolainen, "What prevents Finnish women from applying to software engineering roles? A preliminary analysis of survey data," in *Proc. Int. Conf. Software Engineering: Software Engineering Education and Training, (ICSE-SEET '20)*, 2020, pp. 93–102.

[10] Y. Wang and D. Redmiles, "Implicit gender biases in professional software development: An empirical study," in *Proc. 41st Int. Conf. Softw. Eng.: Softw. Eng. Soc. (ICSE-SEIS '19)*, 2019, pp. 1–10. doi: 10.1109/ ICSE-SEIS.2019.00009.

[11] M. Burnett et al., "Gendermag: A method for evaluating software's gender inclusiveness," *Interacting Comput.*, vol. 28, no. 6, pp. 760–787, 2016. doi: 10.1093/iwc/iwv046.

[12] A. Tang, F. Bex, C. Schriek, and J. M. E. van der Werf, "Improving software design reasoning: A reminder card approach," *J. Syst. Softw.*, vol. 144, pp. 22–40, Feb. 2018. doi: 10.1016/j. jss.2018.05.019.

[13] P. Ralph, "The two paradigms of software development research," *Sci. Comput. Program.*, vol. 156, pp. 68–89, May 2018. doi: 10.1016/j. scico.2018.01.002.

[14] K. J. Gilhooly, G. J. Georgiou, J. Garrison, J. D. Reston, and M. Sirota, "Don't wait to incubate: Immediate versus delayed incubation in divergent thinking," *Memory Cognit.*, vol. 40, no. 6, pp. 966–975, 2012. doi: 10.3758/s13421-012-0199-z.

[15] K. Blincoe, O. Springer, and M. R. Wróbel, "Perceptions of gender diversity's impact on mood in software development teams," *IEEE Softw.*, vol. 36, no. 5, pp. 51–56, 2019. doi: 10.1109/ MS.2019.2917428

（本文内容来自 IEEE Software, Mar./Apr. 2021） **SOFTWARE**

Facebook 的软件工程中的 AI

文 | Johannes Bader, Sonia Seohyun Kim, Frank Sifei Luan, Satish Chandra,
Erik Meijer   Facebook, Inc.

译 | 程浩然

人工智能如何帮助软件工程师更好地完成他们的工作？推动实践的发展？我们描述了软件工程中三种生产力工具：基于自然语言的代码搜索、代码推荐，以及自动错误修复。

人工智能（AI），更确切地说，人工智能的子领域——机器学习（ML），已经对当今几乎所有的主要行业产生了变革性的影响，从零售到制药，再到金融业。毫不奇怪，它也正在开始改变软件开发行业，尽管其巨大的潜力仍未得到开发。

ML 的变革性影响的基础是大量的数据可以被分析和挖掘，聪明的 ML 算法可以从中挖掘出见解（insight）。在软件工程中，最容易获得的数据之一是源代码本身。例如，GitHub 承载了数以百万计的项目，这些项目加起来有数十亿行的代码；大多数公司也有大型的自有代码库。其他数据来源包括：

- 代码的存储库版本之间的增量变化。
- 持续集成期间的大量测试及其结果。
- 开发人员互相交流的在线论坛，例如 Stack Overflow。

从这些数据中可以提取哪些有用的见解？我们如何使用 ML 来提取这些见解？软件工程在很大程度上与开发者的生产力有关，我们将举几个例子，说明如何使用 ML 来帮助开发者更有效地工作。在后面的部分，我们给出了这些工具如何工作的技术细节。在文章的结尾，我们介绍了基于 ML 的见解可以帮助软件工程的其他方式。

基于自然语言的代码搜索

考虑一个开发人员面临的问题：他必须实现一个函数，例如，以编程方式隐藏 Android 软键盘。解决这个问题的方法之一是研究安卓应用程序接口（API），然后实现该功能，但 API 可能需要很长的时间来理解。从现有的服务于相关目的的代码中获取灵感会更有效率。找到相关代码的一个方法是在 Stack Overflow 上快速搜索。然而，如果这个问题在 Stack

Overflow 上还没有答案，那么发布一个新的问题并等待回复的时间就会很长。

另一方面，GitHub 上有大量的相关 Android 代码。问题是，很难直接从资料库中找到这些相关的代码片段。我们创造了一种技术，只需通过粗略的关键词，就可以帮助开发人员直接从源代码中检索出相关的代码片段。虽然这种搜索没有像 Stack Overflow 帖子那样给出解释，但它可以实时地检索出潜在的有用信息。

代码推荐

在写代码时，开发者对其他程序员如何写类似的代码很好奇，以发现他们可能遗漏的注意事项。如果他们在一个大的代码语料库中搜索一个 API 名称，他们可能会得到数以万计的结果。他们想要的是仓库中的一小群使用示例，给他们一些额外的信息。

下面考虑一个 Android API 方法 **decodeStream** 的使用示例

```
Bitmap bitmap = BitmapFactory.
decodeStream(input);
```

但是，如果要查看存储库中其他地方的相关代码，下述的变体是确保应用程序不会因异常而崩溃：

```
try {
    Bitmap bitmap = BitmapFactory.decode
        Stream(input); …
} catch (IOException e) {…}
```

这是一个不同的搜索场景，我们称之为代码推荐。其输入是一个代码片段，而输出是一个相关代码片段的小列表，这些代码片段只显示一些足够常见的代表信息的变化。我们将在后面的"代码推荐"部分讨论建立这样一个代码推荐引擎的方法。

自动错误修复

代码是不断演变的。在 Facebook，仅 Android 应用库每周就有数千次提交。由于这些提交中的许多是对各种问题的修复，我们可以使用 ML 来找出这些修复的模式，并自动提出一个合适的修复建议。

更具体地说，我们发现对静态分析警告的修复往往来自于大量代码模式。下面是 Infer 对 Java 中潜在的 NullPointerException(NPE)(null dereferences) 警告的一个修复例子（插入的代码为绿色）：

```
if (this.lazyProvider == null || shouldSkip) {
    return false;
}
Provider p = this.lazyProvider.get();
```

值得注意的是，开发人员对某种修复警告的方式有强烈的偏好，即使可能存在其他的、语义上相等的方式。

观点

上述内容只是我们在 Facebook 已经开始并融入实践的众多举措中的一部分。其他工作包括预测性回归测试选择[1]、崩溃分类[2]和代码自动补全。我们的 F8 展示[3]中演示了这些工具如何被整合到 Facebook 的开发环境中。

我们的观点是，即使是简单的 ML 方法也能帮助开发人员消除日常工作中的许多缺陷。他们不再需要花费大量的时间在资源库中寻找信息，从数百个代码片段中寻找相关信息，或者手动修复简单的、可预测的错误。在下一节中，我们将描述我们所介绍的三个主题的技术细节。

基于自然语言的代码搜索

背景

对大型代码库进行搜索的能力是一个强大的生产力促进器。因此，我们探索了使用基本的自然语言处理和信息检索技术直接在所提供的代码库中进行搜索的方法。

在此之前也有一些代码搜索方面的工作，如 CoCaBu[4]（一个代码搜索工具，通过添加互联网论坛的相关代码词汇来增强自然语言查询）和 Sourcer[5]（一个代码搜索框架，通过互联网上的开放源代码项目进行搜索）。然而，这些工具并不适用于内部使用，因为我们的大多数开发者都在使用专有的 API 和框架，而这些在互联网上很少被讨论。

因此，我们提出了一种方法来直接搜索给定的语料库。我们的工具被称为神经代码搜索（NCS）[6]，目的是在给定的自然语言查询中找到相关的代码片断例子。

它是如何工作的？

NCS 使用嵌入式（Embedding）思想构建，嵌入是代码的向量表示，旨在以适合 ML 的形式捕捉一段代码的意图。我们的假设是，源代码中的词元通常是有语义的，从这些词元中得到的嵌入可以很好地捕捉到代码片段的意图，以便进行代码搜索。NCS 在方法的颗粒度上创建嵌入。

NCS 的模型训练和搜索检索如图 1 所示，其上半部分是 NCS 的模型训练部分，下半部分是搜索检索部分。

如图 1 所示，NCS 按以下步骤工作：

（1）提取信息。NCS 从源代码中提取相关标记以创建"自然语言"文档。NCS 提取的信息包括方法名称、注释、类名称和字符串文字。

（2）构建词嵌入。NCS 使用 FastText[7] 建立单词嵌入，它为语料库中的每个词汇提供向量表示。与 Word2Vec[8] 类似，FastText 进行无监督的训练，使出现在类似语境中的词有类似的向量表示。例如，在 Android 代码语料库上训练时，button 的嵌入与 click、popup 和 dismissible 的嵌入是最接近的。

（3）构建文档嵌入。为了给语料库中的每个方法体创建一个文档嵌入，NCS 从其标记化的词和其再嵌入的词中计算出一个加权平均值，如式（1）所示：

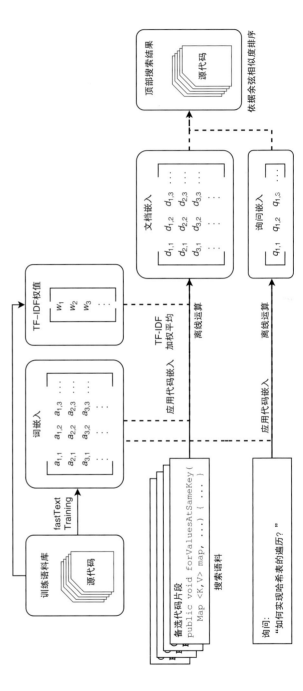

图 1 NCS 的模型训练和搜索检索。NCS 从源代码中提取信息，建立词嵌入，并使用 TF-IDF 加权来得到每个代码片段的文档嵌入。查询被映射到共享向量空间，利用余弦相似度对最相关的代码片断进行排序

$$v_d = u\left(\sum_{w \in d} u(v_w) \cdot \text{tfidf}(w,d,C)\right) \qquad (1)$$

其中 d 是一个文档中的词集；C 是包含所有文档的语料库；u 是一个归一化函数。这个文档嵌入的作用是捕捉方法体的整体语义。

NCS 使用术语频率 - 反向文档自由度（TF-IDF）对单词进行加权，这是信息检索中一个著名的加权方法，如式（2）所示：

$$\text{tfidf}(w,d,C) = \frac{1 + \log \text{tf}(w,d)}{\log |C| \cdot \text{df}(w,C)} \qquad (2)$$

（4）搜索检索。在收到一个搜索查询后，NCS 对查询进行标记，并使用相同的训练过的词嵌入来表示它是一个向量。值得注意的是，标记化将把自然语言查询变成一系列主要的关键词，以捕捉查询的本质。例如，查询"如何获得操作栏的高度？"将被标记为"获得操作栏高度"。然后，如前所述，NCS 将这个向量与文档嵌入进行比较。NCS 通过使用 Facebook AI 相似度搜索[9]对文档嵌入进行余弦相似度排名，这是一种标准的相似度搜索算法，可以在高灵敏度的数据上运行，并返回顶部结果。

评价

我们在一组 Stack Overflow 问题上评估了 NCS 的有效性，以帖子标题作为查询，以已接受的答案中的代码片段作为所需的代码答案。给定一个查询，我们测试 NCS 是否能够从一个大型搜索语料库（GitHub 资源库）中检索到一个正确的答案。在 287 个问题中，NCS 在前 10 个结果中正确回答了 98 个问题。这个评估数据集以及搜索语料库都可以从 Li 等那里公开获得[10]。

NCS 很好地回答的一些 Stack Overflow 问题的例子如下：

- 如何删除整个文件夹和内容？
- 如何将一个图片转换为 Base64 字符串？
- 如何获得操作栏的高度？

- 如何以编程方式找到 Android 设备的 MAC 地址？

Sachdev 等[6]包括了更多关于 NCS 训练和评估的细节。我们进一步调查了深度学习模型是否能带来更好的代码搜索结果。

开发者反馈

NCS 在 Facebook 的使用情况与我们设想的有些不同。开发人员并不经常提出 Stack Overflow 风格的问题，相反，他们大多用关键词查询，如"协议编号的总量"。虽然原始查询类型不同，但通过标记化步骤，我们将代码片段和查询内容分解为关键词，我们能够部署 NCS，而不需要对 Facebook 的模型进行调整。

在 Facebook，NCS 被整合到主要的代码搜索工具（如网站和 IDE）中，作为对现有的精确匹配代码搜索功能的补充。最初，NCS 的结果和精确匹配（类似 grep）的结果是一起显示的。但有时，开发人员只寻找完全匹配的结果，会被交错的结果所迷惑。因此，精确匹配的结果（来自原始查询）与 NCS 的结果（来自已处理的查询）会分开显示。

代码推荐

背景

NCS 回答了每个开发者都会遇到的第一个问题——我该怎么做？使用 NCS，开发者可以找到这个 API 来编写加载位图图像的代码。

```
Bitmap bitmap = BitmapFactory.decode
Stream(input);
```

然而，现实中的编码工作并没有到此为止。这一行代码如果被编写和部署完成，会在各种不同的环境中的数百万台设备上运行。开发者需要确保代码不会在人们的手机上崩溃。通常，这意味着要为安全检查、错误处理等补充额外的代码。换句话说，开发者有一个新的问题：还有什么需要补充的吗？

由于有数以百万计的开源库可供利用，所以很有可能在某个地方，在给定一个特定的任务时，已经有一些代码在做了。挑战在于，给定一个查询代码片段和一个庞大的代码库，如何找到类似的代码并为开发者提供简洁、惯用的编码模式。

现在有许多编码辅助工具，它们的设计和模式各不相同。API推荐者根据编码背景推荐API，但他们不提供使用范例来帮助整合。API文档工具提供有用的使用模板，但这些模板仅限于API查询，而不是任意的代码片段。代码到代码的搜索引擎返回详尽的代码匹配，而我们的目标是通过聚类类似的结果来提供简洁的建议。Aroma能够克服所有这些不足之处。

Aroma是如何工作的？

Aroma通过创建每个方法主体的稀疏向量表示来索引代码语料库。为了做到这一点，它首先解析源代码，得到一个简化的解析树。Aroma使用这种表示方法，因为它允许算法的其余部分与语言无关。

然后，Aroma从解析树中提取特征（图2）来捕捉代码结构和特征。Aroma通过汇总一个代码片段中所有标记的特征来创建该代码片段的特征集。在获得所有特征的词汇后，Aroma为每个特征分配一个唯一的索引，然后将特征集转换成一个稀疏向量。给定一个查询代码片段，Aroma运行以下阶段来创建推荐。

（1）基于特征的搜索。Aroma使用查询代码片断，并使用相同的索引步骤创建一个向量表示。然后，它计算出一个与查询重合度最高的数个（如1000个）候选方法的列表，这个计算利用并行稀疏矩阵乘法，非常有效。

（2）聚类。Aroma将类似的方法体聚集在一起。我们不希望显示相似或重复的代码，而是希望从这些代码中创建一个单一的、惯用的代码推荐。Aroma对候选方法进行精细分析，并根据方法体之间的相似性找到聚类。

（3）交叉。每个方法体聚类创建一个代码推荐。交叉算法的工作原理是将第一个代码片段作为"基

础"代码，然后相对于聚类中的其他所有方法进行迭代剪枝。它的目标是在聚类中只返回共同的编码习惯，删除不相干的行，这些行可能只是在一个特定的方法中的情况。关于完整的算法细节，请参考我们的论文[12]。

作为一个具体的例子，假设以下两个代码片段在一个聚类中，第一个是"基础"代码片段。

```
//Base snippet
InputStream is =...;
final BitmapFactory.Options options = new
    BitmapFactory.Options();
options.inSampleSize = 2;
Bitmap bmp = BitmapFactory.decodeStream
    (is, null, options);
ImageView imageView =...;

//2nd snippet
BitmapFactory.Options options = new Bitmap
    Factory.Options();
while (...) {
options.inSampleSize = 2;
options.inJustDecodeBounds =...
bitmap = BitmapFactory.decodeStream(in,
    null, options);
}
```

这两个片段都包含几行类似的代码，但也有不同的行，其都是针对自己的。Aroma的交叉算法将基本代码段与第二个代码段进行比较，只保留两者中相同的行。然后，它将这些行与下一个方法体进行比较。剩余的行将作为一个代码建议返回。

```
//A code recommendation
final BitmapFactory.Options options = new
    BitmapFactory.Options();
options.inSampleSize = 2;
Bitmap bmp = BitmapFactory.decodeStream
    (is, null, options);
```

其他的代码推荐以同样的方式从其他聚类中创建。Aroma的算法确保这些建议彼此之间有很大的不同，因此，开发人员可以学习多样化的编码模式。

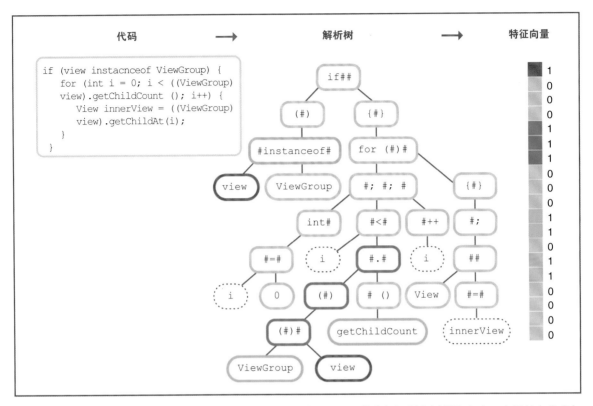

图2　Aroma 从一个解析树中提取的特征。叶子节点代表代码次元，作为标记特征被提取出来；内部节点代表句法结构，与叶子节点连接起来作为句法特征。不同的颜色代表在最下面的节点视图中提取的不同特征。更多细节请参考 Luan 等的文章[12]

结果

　　我们在安卓 GitHub 仓库的大型代码语料库中实例化了 Aroma，并从 Stack Overflow 上最受欢迎的 500 个带有 Android 标签的问题中选择代码片段进行 Aroma 搜索。我们观察到，Aroma 为大多数代码片段提供了有用的建议。此外，当我们使用一半的代码片段作为查询时，在 50 个案例中，Aroma 确切地推荐了代码片段的后一半。

开发者反馈

　　在 Facebook，Aroma 被集成到 Visual Studio Code IDE 中。开发者选择一部分代码作为查询，作为回应，Aroma 提出了一系列的代码建议。在 Aroma 的反馈工作组中，这种整合得到了不同的反馈：开发人员对使用情况不确定，它是一个展示更好的代码的"老师"吗？它是对潜在的代码重复的警告吗？最后，开发人员最感兴趣的是看到 API 使用的例子。此后，我们开发了一个新的工具来生成代码实例[13]来满足这一需求。

自动错误修复
背景

　　大型代码库也有很长的提交历史（即代码变更），记录了代码库如何演变成现在的状态。如果我们能在这些变化中用 ML 找到重复的特征，那么我们就能把工程师重复做的常规工作自动化。在 Facebook，我们发现有一类常见的重复性变化包含了错误修复。因此，我们构建了一个叫做 Getafix 的工具，它可以学习错误修复的模式，并自动提供修复建议。

Getafix 的目标与现有的自动程序修复技术相似，但它填补了设计空间中一个先前未被占据的位置：对自然的修复进行单次预测，但针对特定类型的错误。与"生成 - 验证"的方法相比[14]，我们专注于从过去对特定错误类型的修复中学习原理，并利用关于错误实例的已知信息（如归咎变量）。Getafix 并不试图从任何种类的成分空间或通过对代码进行通用的修改来寻找通用的解决方案。它倾向于通过构造产生实际的、类似人类的修复方法，因为它只把过去人类的修复方法作为灵感来源。

它是如何工作的？

为了清楚起见，我们重点讨论一种可能使 Android 应用程序崩溃的特定类型的错误：Java NPE。下面的代码片段显示了一个 NPE 的例子和一个可能的修复。

```
public int getWidth() {
    @Nullable View v = this.getView();
    return v.getWidth();   //Bug: NPE if v is null
    return v !=null ? v.getWidth() : 0;
    }
```

在 Facebook，我们使用 Infer[15] 静态分析器来检测和警告潜在的 NPE（红色高亮部分）。从 Infer 的记录中，我们找出修复潜在 NPE 的提交（绿色高亮部分）。我们从版本历史中抓取了数百个这样的修复错误的提交，并将它们作为 Getafix 的训练数据。

（1）编辑提取。为了从这些训练数据中找到重复的错误修复模式（"修复模式"），Getafix 将提交拆分为细粒度的抽象语法树（AST）进行编辑。Getafix 首先将提交所涉及的每个文件解析为一对 AST：一个是修改前的源代码，另一个是修改后的源代码。随后，Getafix 对每对 AST 应用类似于 GumTree[16] 的树形差异算法，预测可能代表差异的编辑（插入、删除、移动或更新）。对于所述的修复实例，Getafix 将提取以下编辑：

$$v.getWidth() \rightarrow v!=null?\ v.getWidth():\ 0.$$

（2）聚类。Getafix 采取了一种数据驱动的方法，称为反统一（antiunification），对上一步产生的 AST 编辑集合进行相似度聚类：它将集合中最相似的一对编辑合并成一个新的编辑模式，只在必要时抽象出细节。下面是一个例子：

- 编辑 A:　　$v.getWidth()$ 　→ $v!=null$
  $?\ v.getWidth():$ 　0
- 编辑 B:　　$lst.size()$ 　→ $lst!=null$
  $?\ lst.size():$ 　　0
- 反统一:　　$\alpha.\beta()$ 　→ $\alpha!=null$
  $?\ \alpha.\beta():$ 　　0

反统一有一个理想的特性，即以尽可能保存信息的方式合并编辑模式。Getafix 尽可能多地重复这一步骤，将产生的编辑模式放回集合中，以取代其成分，从而减少集合的大小，使编辑模式进一步被合并和抽象化。这个过程产生了一个编辑模式的层次结构，原始编辑是叶子节点，越来越抽象的编辑模式更接近根部。

（3）修复预测。有了这样一个针对 NPE 警告的修复模式层次，Getafix 可以自动修复未来的警告：当 Infer 产生一个新的、以前未见过的 NPE 警告时，Getafix 从我们的修复模式层次结构中重新找出所有适用的模式。然后，它将这些候选模式应用于代码，生成候选修复，使用与 TF-IDF 类似的指标对其进行统计排名。为了限制计算成本，一个或最多几个排名靠前的修复模式被验证（例如，运行 Infer 并确保警告消失）。

最佳的候选修复方案将作为建议提供给工程师，工程师可以通过点击一个按钮接受或拒绝。Getafix 只建议一个修复，以限制认知负担并提供一个直接的用户体验。由于 Getafix 使用统计学习和排名技术，我们确实需要一个最终的人工确认，所以尽管有某些形式的验证，也不能保证正确性。关于 Getafix 的更多细节，请参考 Bader 等的文章[17]。

结果

自 Getafix 服务推出以来，Facebook 工程师修复的 Infer NPE 警告中，42% 是通过接受我们的修复建议而修复的，并且在 9% 的情况下，工程师编写了语义相同的修复（这表明开发人员对他们接受的修复建议非常挑剔）。请注意，我们的模式学习阶段将任何一组修改作为输入，所以我们已经成功地开始自动化一个不同的场景，即发现和应用"lint"规则。为响应代码审查而做出的修改通常是对审查员指出的常见反模式的修复，而发现和修复这些反模式可以被纳入一个提示规则。

开发者反馈

在代码审查过程中，我们尽可能地在集成开发环境中显示对警告的修正建议。我们发现，带有修正建议的警告比单纯的警告更有可操作性，而且更容易解决（无论是接受建议的修正还是手写修正）。个人反应的范围从忽略我们的建议到在内部反馈小组中表达他们对复杂程度的兴奋。

我们发现，对工程师来说，语义上的等价是不够的，语法上的差异对他们来说很重要：例如，我们有时会预测使用三元条件，在一些情况下，我们的开发人员采用了这种修正，但否定了条件，并交换了"then"和"else"的表达方式。在这一点上，我们提供的"一键接受"的体验是无效的，所以我们努力建议自然的修复，就像工程师所期望的那样，所以语法甚至细节，如惯用的空格，都必须像人类一样。我们的基于 ML 的方法通过构造（从真实的修复中学习）来学习看起来很自然的模式，同时也学习如何以一种有原则的方式对这些方案进行排名。

总览

我们现在回过头来讨论这些基于 ML 的技术是如何融入软件开发过程的大环境中的。事实上，这些技术不仅有可能影响编写或修复代码，还可能影响软件

生命周期的几乎所有阶段。

图 3 显示了一种思考现代软件开发的方式。工作流程从个人的开发工作开始，包括编辑代码以实现新的功能，或对一个问题作出回应，确保代码的编译并通过一些轻量级的质量控制（例如，linters 或单元测试）。一旦开发人员对正在进行的代码修改感到满意，就会被送去进行代码审查，也许同时，更广泛的测试和验证也会开始。这些都需要跳回到个人的工作流程中去。

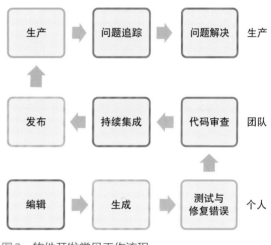

图 3　软件开发常见工作流程

一旦代码被发布并进入生产，新的问题就会出现，而这些问题是以前的阶段所没有发现的。这个过程必须考虑到如何跟踪这些问题。生产阶段通常也会包括一些有助于隔离错误的 Telemety 技术。来自生产的反馈会启动一个新的开发周期，从个人阶段开始。

前面几节谈到了主要适用于个人工作流的代码编辑阶段的概念。除了这些想法，在代码编辑阶段，最明显的面向开发者的 ML 使用是自动完成，这已经被广泛研究和部署。更有意义的是，ML 技术还可以通过程序合成帮助开发者完成代码。

ML 技术在其他状态下也存在重要的机会——例如，我们之前提到了在预测回归测试选择[1]和崩溃分类[2]方面的工作，但对这些的详细讨论超出了这篇短

文的范围。在我们看来，这里有一些最有希望的机会，可以使用与团队和生产状态有关的ML。

（1）代码审查。代码审查，虽然被广泛认为是保证软件质量的关键，但也是软件工程师亟需时间去处理的。ML技术可以帮助实现常规代码审查的自动化（如格式化和最佳编码实践）。更具挑战的是，也许ML还可以自动解决常规的代码审查意见。

（2）评估代码变更的风险。原则上，任何代码的改变都会增加一个应用程序的风险性。可以说，整个测试和验证管道的存在本质上是为了减少这种风险。我们能否设计出基于ML的技术，对代码变更的风险进行定量评估，以补充通常的测试和验证管道？这方面的进展将影响到测试（通过优先考虑与风险较大的变化相关的测试）和发布管理（通过对风险较大的代码发布进行额外的质量控制）。相比之下，评估变化影响的技术（例如，Ren等[18]的文献）对受影响程度采取二元观点，并且由于静态分析的限制，他们的评估往往过于悲观。

（3）故障排除。对于广泛部署的应用程序，用户以隐式方式（遥测或崩溃）发送他们的反馈，有时还会通过发送评论明确地发送反馈。这种反馈的数量可能是巨大的。这是ML可以通过多种方式提供帮助的另一个领域：不仅可以对这些报告进行分类，还可以对它们进行聚类，以确定共同的问题，从遥测日志和可能与当前问题有关的代码更改中找到重要线索。

随着人们对ML的重新关注和软件开发流程的统一（共同的再定位以及持续的整合和发布），工业界吸收这些想法进入主流的时机已经成熟。在Facebook，我们确实正在改造我们的开发流程，使之尽可能地由数据驱动。🄢

参考文献

[1] M. Machalica, A. Samylkin, M. Porth, and S. Chandra, "Predictive test selection," in *Proc. 41st Int. Conf. Softw. Eng. Softw. Eng. Pract. (ICSE-SEIP 19)*, 2019, pp. 91–100. doi: 10.1109/ICSE-SEIP.2019.00018.

[2] R. Qian, Y. Yu, W. Park, V. Murali, S. Fink, and S. Chandra, "Debugging crashes using continuous contrast set mining," in *ICSE-SEIP '20: Proc. ACM/IEEE 42nd Int. Conf. Software Engineering: Software Engineering in Practice*, June 2020, pp. 61–70. https://doi.org /10.1145/3377813.3381369.

[3] J. Bader, S. Chandra, S. S. Kim, and F.S. Luan, "F8: Using machine learning for developer productivity." Facebook, 2019. https://developers.facebook.com/videos/2019/using-machine-learning-for-developer-productivity/.

[4] R. Sirres et al., "Augmenting and structuring user queries to support efficient free-form code search," in *Proc. 40th Int. Conf. Softw. Eng. (ICSE'18)*, 2018, p. 945. doi: 10.1145/3180155.3182513.

[5] H. Sajnani, V. Saini, J. Svajlenko, C. K. Roy, and C. V. Lopes, "SourcererCC: Scaling code clone detection to bigcode," in *Proc. 38th Int. Conf. Softw. Eng. (ICSE'16)*, 2016, pp. 1157–1168. doi: 10.1145/2884781.2884877. 16.

[6] S. Sachdev, H. Li, S. Luan, S. Kim, K. Seohyun, and S. Chandra, "Retrieval on source code: A neural code search," in *Proc. 2nd ACM SIGPLAN Int. Workshop on Mach. Learn. Program. Languages*, 2018, pp. 31–41.

[7] P. Bojanowski, E. Grave, A. Joulin, and T. Mikolov, "Enriching word vectors with subword information," 2016, arXiv: 1607.04606.

[8] T. Mikolov, I. Sutskever, K. Chen, G. Corrado, and J. Dean, "Distributed representations of words and phrases and their compositionality," 2013, arXiv: 1310.4546.

[9] J. Johnson, M. Douze, and H. Jégou, "Billion-scale similarity search with GPUs," 2017, arXiv:1702.08734.

[10] H. Li, S. Kim, and S. Chandra, "Neural code search evaluation dataset," 2019, arXiv: 1908.09804 [cs.SE].

[11] J. Cambronero, H. Li, S. Kim, K. Sen, and S. Chandra, "When deep learning met code search," in *Proc. 27th ACM Joint Meeting European Softw. Eng. Conf. Symp. Found. Softw. Eng. (ESEC/FSE 2019)*, 2019, pp. 964– 974. doi: 10.1145/3338906.3340458.

[12] S Luan, D. Yang, C. Barnaby, K. Sen, and S. Chandra, "Aroma: Code recommendation via structural code search," in *Proc. ACM Program. Languages*, Oct. 2019, vol. 3, no. OOPSLA, pp. 152:1–152:28. doi: 10.1145/3360578.

[13] C. Barnaby, K. Sen, T. Zhang, E. Glassman, and S. Chandra, *Exempla Gratis (E.G.): Code Examples for Free*. New York: Association for Computing Machinery, 2020, pp. 1353–1364.

[14] X. B. D. Le, D. Lo, and C. Le Goues. "History Driven Program Repair," in *Proc. IEEE 23rd Int. Conf. Softw. Anal., Evolution, Reeng. (SANER)*, 2016, vol. 1, pp. 213–224.

关于作者

Johannes Bader Facebook 公司软件工程师。研究兴趣包括自动程序修复和编程语言及验证。2016 年在卡尔斯鲁厄理工学院获得计算机科学硕士学位。关于他的更多信息，可以在 johannes-bader.com 找到。联系方式：mail@johannes-bader.com。

Sonia Seohyun Kim Facebook 公司软件工程师。研究方向包括应用机器学习来生成代码。在加州理工学院获得应用计算数学学士学位，并辅修计算机科学。联系方式：skim131@fb.com。

Frank Sifei Luan Facebook 公司软件工程师。研究领域包括机器学习和编程语言。2017 年在芝加哥大学获得计算机科学和统计学学士学位。关于他的进一步信息可以在 franklsf.

org 找到。联系方式：lsf@berkeley.edu。

Satish Chandra Facebook 公司软件工程师。研究兴趣为编程语言和软件工程，包括程序分析、类型系统、软件合成、错误查找和修复、软件测试和测试自动化，以及最近的机器学习开发工具的应用。在威斯康星大学麦迪逊分校获得计算机科学博士学位。曾获美国计算机协会杰出科学家。联系方式：schandra@acm.org。

Erik Meijer Facebook 公司工程总监。研究兴趣包括编程语言、软件工程、系统和机器学习的交叉。诺丁汉大学计算机科学学院编程语言设计的荣誉教授，ACM Queue 编辑委员会的成员，以及工程研究展望联盟的常务理事会成员。联系方式：erikm@fb.com。

[15] C. Calcagno et al., "Moving fast with software verification," in *Proc. NASA Formal Method Symp.*, 2015.

[16] J.-R. Falleri, F. Morandat, X. Blanc, M. Martinez, and M. Monperrus, "Fine-grained and accurate source code differencing," in *Proc. ACM/ IEEE Int. Conf. Automat. Softw. Eng. (ASE'14)*, 2014, pp. 313–324. doi: 10.1145/2642937.2642982.

[17] J. Bader, A. Scott, M. Pradel, and S. Chandra, "Getafix: Learning to fix bugs automatically," in *Proc. ACM Program. Languages*, Oct. 2019, vol. 3, no. OOPSLA. doi: 10.1145/3360585.

[18] X. Ren, F. Shah, F. Tip, B. G Ryder, and O. C. Chesley, "Chianti: A tool for change impact analysis of Java programs," in *Proc.19th Annu. ACM SIGPLAN Conf. Object-Oriented Programming, Syst., Languages, Appl.*, Oct. 2004, pp. 432–448. doi: 10.1145/1035292.1029012.

（本文内容来自 IEEE Software, Jul./Aug. 2021） **Software**

SEPN：基于连续参与的学业成绩预测模型

文 | Xiangyu Song，Jianxin Li　迪肯大学
　　Shijie Sun　长安大学
　　Hui Yin，Phillip Dawson，Robin Ram Mohan Doss　迪肯大学
译 | 涂宇鸽

在当今的在线教育模式中，预测学生成绩是一项至关重要的任务。对学生的考试成绩进行预测，有助于制定提前干预措施。先前的研究者设计了许多机器学习模型，用于耦合学生的在线活动与学习成绩。但是，由于特征选择差异过大，这些模型很难进行有效预测。另外，参数和异构特征过多也可能是多数模型的一大症结。为此，我们提出了一个基于连续参与的学习成绩预测模型。它由参与检测器和连续预测器两个主要部分组成。参与检测器利用卷积神经网络的优势，通过学生的日常活动来检测其参与模式。连续预测器采用长短期记忆结构，根据参与特征空间和人口统计特征学习交互作用。我们对该模型与几种现有的高级机器学习模型进行比较，结果表明，该模型在参与检测机制方面具有更好的性能。

随着互联网的飞速发展，在线教育已成为一种被广泛接受的教学方式。许多大学（如英国开放大学[1]）非常重视在计算机科学、生物学等领域引入高质量的本科和研究生在线课程，为学生提供灵活的学习环境，如课程规划材料和评估工具等。这些材料和工具可以自动记录、分析学生的学习活动和评估结果。

学习分析（learning analysis）有许多实际应用，如预测学生未来的表现、检测出不及格或辍学风险较高的学生、执行与行为模式相关的任务等。它也可以用于自动调整课程模块、为学生提供详细课程指导等。其中，学习分析最广泛、最有效的应用之一是学生评估和考试分数预测（预测学生在未来评估或考试中的表现）。

然而，由于种种因素，预测的结果存在很大差异。这些因素包括学生人口统计信息（年龄、性别、教育水平、生活环境）的多样性、学生对课程的连续参与度、学生过去的表现情况等。我们就一系列问题

进行了初步研究：除了以上因素，影响学生远程学业成绩的最重要因素是什么？如何量化对学业成绩的预测？我们是否能够事先预测到风险，从而避免学生的学业失败？

带着这些问题，我们寻找了一些解决方案。虽然 Romero 等和 Bonafini 等[2,3]对学生的学习表现有所研究，但他们或仅回顾数据挖掘模型的效果，或仅调查视频和论坛信息对学生学习成绩分析的影响。与之不同，我们则提出了一个基于学生连续参与的学业成绩预测网络（SEPN）。SEPN 将学生的日常活动转化为连续参与矩阵。这种方法既能保留时间连续信息，又能挖掘周期性特征。在期末考试前的不同学习阶段，基于卷积神经网络（CNN）的参与检测器可以检测到这些隐性信息和特征。学生的学习活动是动态的。基于强化长短期记忆（LSTM）的连续预测器可以较好抓取学生学习动态的连续信息。此外，该网络借助 CNN 和 LSTM 网络，可以同时抓取学生过去表现和人口统计特征。

本文的贡献总结如下：

（1）提出了基于连续参与检测机制的模型，用于抓取学生的连续参与特征。

（2）提出的 SPEN 模型既能够保留连续信息，又能够探索周期性特征。

（3）经过训练，该模型可以习得学生的人口统计数据、过去表现、学习参与度，预测他们的学业成绩。

（4）基于具有异构关系的真实数据集[开放大学学习分析数据集（Open University Learning Analytics Dataset，OULAD）]，我们进行了充分的实验。结果表明，该模型具有较高的预测准确度，在提取周期性和隐性特征方面也具有一定的优势。

本文结构如下："相关工作"部分讨论了研究的初步工作，"模型结构"部分详细介绍了实验方法和模型结构，"实验"部分验证并比较了模型的性能，"结论"部分总结了本实验。

相关工作

预测学生表现

学生学业成绩或为分数（数值/连续值），或为等级（分类/离散值），预测前者属于回归任务，预测后者属于分类任务。Hämäläinen 和 Vinni[4]重点比较了不同的机器学习方法，预测学生是否能够通过考试。Romero 等[2]还进行了其他比较，对学生的最终分数进行分类。然而，与这些研究不同，我们更关注学生连续参加课程的行为对其期末考试成绩的影响。因此，我们重点研究了学生的连续学习参与。

学生的学习参与

许多学者曾探究过学生参与度与其学业成绩之间的关系。例如，Bonafini 等[3]使用论坛数据和观看的教育视频数量来衡量学生的参与度，据此构建了一个表现预测模型。Bonafini 等还探究了学生评论的影响。Guo 等[5]使用观看视频所花费的时间来衡量学生的参与度，分析学生的表现。Ramesh 等[6]使用概率软逻辑（probabilistic soft logic）模型，探究学生在大规模开放在线课堂（Massive Open Online Course，MOOC）的参与行为。Manwaring 等[7]使用经验取样法和结构方程模型，研究曾受过高等教育的学生的参与度。他们发现，在参与度方面，课程设计和学生实际感知存在很大的差异。和以上研究不同，我们将学生参与度定义为从线虚拟学习环境（Virtual Learning Environment，VLE）系统中收集的连续学习活动。我们对数据进行了特殊处理，使其在适应模型的同时，保留了原始特征。还有一部分研究[8-12]利用了用户行为和用户相互依赖的影响，但这些研究都没有涉及学习表现预测。

模型结构

本节详细描述了基于连续参与的学业成绩预测网络（SEPN）。如图1所示，SEPN模型由参与检测器和连续预测器两个主要部分组成，两者都在网络中扮演着重要的角色。对两个组件的详细描述如下。

符号说明和问题陈述

输入数据和特征的种类不同，学业成绩预测的结果可能也会随之变化。本文有三种类型的输入数据，即学生的每日在线点击数 x_n、过去表现 h_n、人口统计

信息 $l_n\left(x_n, h_n, l_n \in \mathbb{N}^{D_v}, (v=1,2,3)\right)$，分别表示第 n 个学生的日常参与度、过去评估得分、维度为 D_v 的人口统计信息。我们的目标是预测第 n 个学生在课程 $y_n \in \mathbb{R}$ 中的期末考试成绩。考虑到 x_n 的连续性和周期性，我们将其转换为参与矩阵 Z_n，说明如下。

我们将学生的每日在线点击次数定义为

$$X = \{x_n\}_{n=1}^N \tag{1}$$
$$\boldsymbol{x}_n = \left[x_{n,1}, x_{n,2}, \ldots, x_{n,D_1}\right] \in \mathbb{N}^{D_1}$$

其中 x_n 表示第 n 个学生的每日在线点击数，N 是学生总数，D_1 是课程总天数的最长模块_展示_长度。我们认为，学生日常活动的周期性和连续性都很重要。但是，x_n 只能表现连续性，因此，为了探索学生日常活动的周期性、保持原始连续时间数据的连续性，我们将 x_n 按周分割为

$$x_n=[x_{n,1} \oplus \cdots \oplus x_{n,K}] \in \mathbb{N} \tag{2}$$

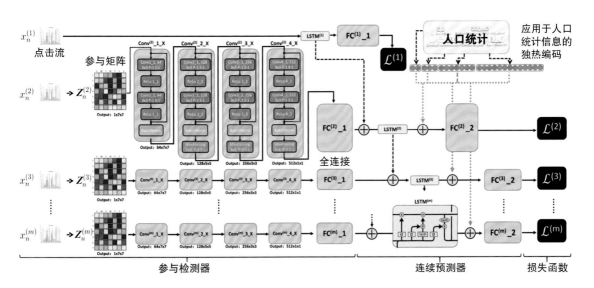

图1　SEPN 结构概述。参与矩阵 $Z_n^{(m)}$ 从连续数据点击流 X_n 编码，输入到大小为 $1 \times 7 \times 7$ 的参与检测器。参与检测器压缩特征后，这些特征输入到大小为 $512 \times 1 \times 1$ 的第一个全连接层 $FC^{(m)}\_1$。经过连续预测器和第二个全连接层后，$y_n^{(m)}$ 最终输入到损失函数中

其中，K 表示一周的总课程数。

为了更好地思考 x_n 的周期性和连续性，我们选择使用 CNN 来处理这些数据。CNN 可以有效提取一组数据的局部特征，能够用于提取学生在相邻几天的日常活动相关性。因此，我们需要将这组 x_n 转换为参与矩阵 $\boldsymbol{Z}_n$ 的形式，拟合 CNN 单元的输入。具体地说，我们以 7 为单位将 x_n 划分为 m 个阶段，并定义参与矩阵为

$$Z_n^m = \begin{bmatrix} x_{n,7m-6} \\ \vdots \\ x_{n,7m} \end{bmatrix} = \begin{bmatrix} x_{n,1}^m \\ \vdots \\ x_{n,7}^m \end{bmatrix} \in \mathbb{N}^{7\times7} \qquad (3)$$

其中 $\boldsymbol{Z}_n^m$ 表示第 n 个学生在第 m 个阶段的参与矩阵。

SPEN框架概述

我们预测学生学业成绩的方式基于使用学生参与度、过去表现和他们的人口统计信息的模型。图 1 包括两个主要部分：参与检测器利用 CNN 在特征空间中生成学生的参与模式；连续预测器采用 LSTM 结构，结合时间积累对结果的影响，从参与特征空间和人口统计特征中习得交互。

图 1 显示了 SEPN 模型的架构。第一层是连续输入层，输入第 n 个学生在第 m 个阶段的每日点击数 $x_n^{(m)}$，然后将转换的参与矩阵 $\boldsymbol{Z}_n^{(m)}$ 输入网络。

具体来说，基于周数 w_i 和一周的某天 d_j，转换后的参与矩阵 $\boldsymbol{Z}_n^{(m)}$ 维度为 $1\times7\times7$。接下来，由四个带有卷积层的卷积模块 $Conv^{(1,2,3,4)}$_1,2,3,4_x [即 ReLU 函数、BN 算法、池化层、全连接层]提取高级活动特征，具体参数如表 1 所示。鉴于 LSTM 层在获取连续数据上的优势，我们添加了一个具有多个隐藏节点的

LSTM 层，以习得第 m 个阶段的活动特征。然后，由第二个全连接层合并输出过去表现、人口统计信息。最后，两部分全连接层的输出通过 softmax 层，输入到损失函数中，进行回归 $\mathcal{L}_r^{(m)}$ 和分类 $\mathcal{L}_c^{(m)}$。我们将其与 $\mathcal{L}^{(m)}$ 结合，最终得到了性能预测。

参与检测器

图 1 介绍了 SEPN 的第一个组件——参与检测器。该组件用于检测学生的日常在线参与度。

我们在此提出学生参与度的定义。概念并不复杂，学生参与度由其日常在线活动矩阵 $\boldsymbol{Z}_n^{(m)}$ 表示，这一矩阵可以保留连续性和周期性。从这些数量庞大的日常活动数据中，我们可以习得与学生期末考试成绩密切相关的在线活动参与模式。

我们还详细说明了参与检测器的输入和输出维度。在第一层，我们将连续时间数据 x_n 转换为维度为 $1\times7\times7$ 的初始参与矩阵 $\boldsymbol{Z}_n$。经过第一个卷积层后，矩阵的维度更新为 $64\times7\times7$。这个过程重复四次，参与检测器最终输出的是一个维度为 512 的向量。该向量会被输入到连续预测器中。

表 1 总结了参与检测器的详细信息：I.C. 表示层中的输入通道；O.C. 表示输出通道；S 表示步长大小；B.N（Y/N）表示是否应用 BN 算法；ReLU（Y/N）表示是否激活 ReLU 函数。

连续预测器

连续预测器的主要单元是 LSTM[13]。LSTM 单元具有三个主要组件，即输入门 i、遗忘门 f、输出门 o。它们控制单元保持或遗忘上一次 $k-1$ 中的值，LSTM 单元的表达过程如下：

$$f_k = \sigma_g(W_f x_k + U_f h_{k-1} + b_f) \qquad (4.1)$$

Index	I.C.	O.C.	Kernel	S	Padding	B.N.	ReLU
Conv1_1	1	64	3×3	1	1	Y	Y
Conv1_2	64	64	3×3	1	1	Y	Y
Conv2_1	64	128	3×3	1	1	Y	Y
Conv2_2	128	128	3×3	1	1	Y	Y
Pooling_2	128	128	3×3	1	0	N	N
Conv3_1	128	256	3×3	1	1	Y	Y
Conv3_2	256	256	3×3	1	1	Y	Y
Pooling_3	256	256	3×3	1	0	N	N
Conv4_1	256	512	3×3	1	1	Y	Y
Conv4_2	512	512	3×3	1	1	Y	Y
Pooling_4	512	512	3×3	1	0	N	N

表1 参与检测器的详细信息

$$\mathcal{L}_r^{(m)} = \frac{1}{K}\sum_{k=1}^{K}(y_k - \dot{y}_k)^2 \qquad (7)$$

因此，$\mathcal{L}^{(m)}$ 的表达式如下：

$$\mathcal{L}^{(m)} = \frac{1}{2}(\alpha \mathcal{L}_c^{(m)} + \mathcal{L}_r^{(m)}) \qquad (8)$$

其中，a是超参数。

实验

实验平台

所有实验均在装有Windows10操作系统、16GBRAM和Intel（R）CORE（TM）CPUi7-7700HQ@2.80GH的ASUSTek计算机上进行。这些算法是使用Python3.7.1实现的。

$$i_k = \sigma_g(W_i x_k + U_i h_{k-1} + b_i) \qquad (4.2)$$
$$o_k = \sigma_g(W_o x_k + U_o h_{k-1} + b_o) \qquad (4.3)$$
$$c_k = f_k \circ c_{k-1} + i_k \circ \sigma_c(W_c x_k + U_c h_{k-1} + b_c) \qquad (4.4)$$
$$h_k = o_k \circ \sigma_h(c_k). \qquad (4.5)$$

损失函数

基于SEPN的结构，在第m阶段有一个相应的损失$\mathcal{L}^{(m)}$。每个$\mathcal{L}^{(m)}$是两个不同损失$\mathcal{L}_c^{(m)}$和$\mathcal{L}_r^{(m)}$的加权组合，分别表示分类损失和回归损失。$\mathcal{L}_c^{(m)}$代表学生被分配到错误的成绩组，$\mathcal{L}_r^{(m)}$代表估测的成绩。

对于分类损失$\mathcal{L}_c^{(m)}$，我们首先对模型$y_n \in \mathbb{R}^E$的输出应用softmax回归，并将其转换为概率分布

$$\mathrm{softmax}(y_i) = \frac{e^{y_i}}{\sum_{j=1}^{n} e^{y_j}} \qquad (5)$$

然后我们引入交叉熵（cross entrophy）来测算这个损失：

$$\mathcal{L}_c^{(m)} = -\sum_x y_i \log \dot{y}_i \qquad (6)$$

在训练模型时，均方误差（mean square error，MSE）始终用于估测大多数回归任务的损失。但在建议模型的输出中

实验设置

数据库选择和实验设置

由于OULAD[1]较为全面，与我们的研究问题具有密切关系，它被选为我们的测试和比较数据集。

如图2所示，数据集被分为三组，分别是"人口统计"、"参与度"、"表现"。

共有32593名学生参与了这项实验。每门课程通常包括一次期末考试和几次定期评测，每次评测的周期通常为50天左右（我们的参与矩阵是1×7×7）。如"实验"部分所示，我们可以将这些点击数构建成一个参与矩阵，以便处理数据并把它们输入到参与检测器中。最终得分被划为六个分类，即"100~90"、"90~80"、"80~70"、"70~60"、"60~50"和"<50"。

比较方法和指标

我们复现了一些现有算法和模型来预测学生的期末考试成绩，用于比较。复现的有：随机森林（Random Forest，RF）[14]、支持向量回归（Support

属性类型	人口统计				参与度	表现	
属性名称	性别	年龄	生活环境	最高教育水平	点击数	定期测评	期末考试
属性描述	男/女	"35岁以下" "35~55岁" "55岁以上"	东盎格利亚地区 苏格兰 西北地区 东南地区 西米德兰地区 威尔士 北部地区 南部地区 爱尔兰 西南地区 东米德兰地区 约克郡地区 伦敦地区	研究生文凭 本科文凭 高中或同等水平 高中学历以下 无正式学历	[0,N]	TMA-0 TMA-1 TMA-2 TMA-3 TMA-4	[0,100]
属性公式	$(0,1)$ *Gender=male*	$(0,0,1)$ *Age='below35'*	$(0,0,1,...,0)$ *Living Environment=London Region*	$(0,1,...,0,0)$ *HighestEducation=H EQualification*	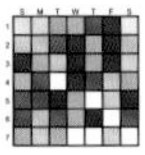	[0,100]	[0,100]

图2 输入的学生数据

Vactor Regression，SVR）[15]、贝叶斯岭（Bayesian Ridge，BR）[16]、随机梯度下降（Stochastic Gradient Descent，SGD）[17]、高斯过程回归（Gaussian Process Regressor，GPR）[18]、决策树回归（Decision Tree Regressor，DTR)[19]、多层感知器（Multi-Layer Perceptron, MLP)[20]。

本文提出了以下模型：

（1）SEPN-D-E：不涉及人口统计信息和参与检测器的模型。

（2）SEPN-D：不涉及人口统计信息的模型。

（3）SEPN：本文提出的模型。

我们采用四个指标来评估分类性能：准确率、召回率、F1分数、MAP。另外，表2列出的均方误差用于测量回归值 y_n。

表2 均方误差（MSE）

	阶段1	阶段2	阶段3	阶段4	阶段5
SGD	35.52	24.97	22.21	18.51	16.83
DTR	29.89	24.47	22.18	20.79	19.97
RF	23.16	18.69	18.69	15.43	14.65
GPR	21.30	16.99	16.45	15.32	14.75
BR	21.14	16.98	16.42	15.30	14.74
MLP	22.18	17.20	16.68	15.30	14.77
SVR	21.29	17.51	16.53	15.21	14.70
SEPN	25.07	19.66	18.51	16.66	15.12

实验结果与讨论

为了展示基线模型和本文提出模型的预测性能，我们在此列出比较结果和图表。我们从三个不同的角度和方向验证了本文模型的优越性，即过去表现、参与度、人口统计信息。详细解释可见下文实验A、B、C。我们将每个实验运行了20次，以下结果报告的为平均值。

实验A：过去表现的影响

为验证过去的学习成绩对期末考试成绩预测的影响，我们将学生在某门课程上的学习数据分为五个阶段，即"阶段1"到"阶段5"（使用数据均收集于测评前）。每个阶段的实验数据累加到最后一个阶段，用于预测期末考试成绩。换句话说，"阶段5"对应的实验结果是由课程开始到第四次评估结束的所有数据累加而成的。

从表3不难发现，引入学生的过去成绩后，大部分基线模型和本文模型的准确率都有所增加。其中，随机森林和SVR在课程开始时显示出较高的准确率，分别为25%和53%。在引入学生过去表现的全阶段后，本文SPEN模型的准确率比所有其他基线模型的平均值高10%左右。通过表3我们还能发现，几乎每个模型的准确率都有上升趋势，这证明了我们有关过去表现的假设。值得一提的是，SPEN对连续数据也有很好的处理能力。

实验B：参与检测器的影响

为验证引入检测机制对表现预测的影响，我们进行了以下实验。我们以10天为单位输入学生的日常活动（由VLE系统收集的点击流），并将其应用为所有基线算法的特征，包括没有参与检测器的SEPN（SEPN-D-E）。同时，这些日常活动通过参与检测器

（SEPN-D）输入到SEPN中。

从表3可以看到，参与检测器在开始时没有发挥重要作用。然而，随着时间的推移，参与检测器在课程最后阶段显著改善了预测结果。具体来说，与我们提出的没有参与检测器的模型相比，具有检测器的模型准确率提升了约6%；与所有其他基线模型的平均值相比，该模型的召回率提升了约11%。F1分数的提

表3　准确率和召回率										
	准确率					召回率				
	阶段1	阶段2	阶段3	阶段4	阶段5	阶段1	阶段2	阶段3	阶段4	阶段5
SGD	0.247	0.118	0.118	0.306	0.079	0.217	0.118	0.118	0.158	0.378
DTR	0.228	0.301	0.316	0.373	0.373	**0.288**	0.365	0.364	0.447	0.411
RF	**0.254**	0.364	0.386	0.473	0.487	0.234	0.334	0.364	0.451	0.473
GPR	0.244	0.485	0.472	0.499	0.503	0.198	0.385	0.41	0.44	0.451
BR	0.227	0.488	0.458	0.49	0.514	0.203	0.387	0.401	0.436	0.463
MLP	0.189	0.474	0.482	0.507	0.519	0.199	**0.384**	**0.405**	0.451	0.445
SVR	0.126	**0.531**	0.501	0.532	0.544	0.182	0.3	0.382	0.416	0.395
SEPN-D-E	0.217	0.407	0.422	0.473	0.492	0.232	0.34	0.371	0.421	0.446
SEPN-D	0.217	0.467	0.494	0.578	0.584	0.232	0.332	0.401	0.438	0.474
SEPN	0.217	0.495	**0.515**	**0.59**	**0.61**	0.232	0.343	**0.405**	**0.459**	**0.488**

表4　F1分数和MAP										
	F1分数					MAP				
	阶段1	阶段2	阶段3	阶段4	阶段5	阶段1	阶段2	阶段3	阶段4	阶段5
SGD	0.146	0.16	0.171	0.16	0.045	0.25	0.25	0.255	0.25	0.248
DTR	**0.294**	0.322	0.338	0.385	0.485	0.253	0.321	0.325	0.322	0.325
RF	0.246	0.378	0.419	0.49	0.505	**0.263**	0.307	0.33	0.378	0.39
GPR	0.154	0.419	0.463	0.501	0.511	0.258	0.348	0.366	0.388	0.394
BR	0.169	**0.425**	0.455	0.498	0.52	0.258	0.353	0.358	0.385	0.4
MLP	0.185	0.401	**0.468**	0.496	0.512	0.256	0.337	**0.374**	0.39	0.396
SVR	0.101	0.275	0.42	0.489	0.479	0.25	0.299	0.351	0.388	0.382
SEPN-D-E	0.2	0.352	0.414	0.45	0.452	**0.263**	0.321	0.344	0.357	0.38
SEPN-D	0.2	0.355	0.41	0.477	0.514	**0.263**	0.326	0.339	0.364	0.401
SEPN	0.2	0.388	0.427	**0.505**	**0.533**	**0.263**	**0.357**	0.353	**0.4**	**0.421**

升甚至更大。根据结果可得，参与检测器确实对最终预测结果有积极影响。

实验C：人口统计信息的影响

由"相关工作"部分可知，学生的年龄、性别、最高教育水平、生活环境等人口统计信息具有多样性，因此，模型对学生的表现预测也有很大差异。为了验证这个猜想，我们设计并进行了几个实验。我们使用独热编码（one-hot encoding）将学生的人口统计信息（年龄、性别、最高学历、生活环境）嵌入向量中，然后将其接入连续预测器的输出结果，再输入到全连接层。SEPN-D和SPEN对应的分别是不包括人口统计信息的结果和包括人口统计信息的结果。

由"相关工作"部分可知，在所有人口统计因素中，学生在参与课程前的最高教育水平通常对预测结果的影响最大。从表4可知，与SEPN-D相比，SEPN的平均准确度在阶段4和阶段5中分别增长了约11%和5%。因此，我们发现SEPN在处理异构数据方面表现良好。

结论

本文提出了一个基于连续参与的学业成绩预测模型，能够根据学生的日常学习活动评估其在线学习成绩。我们说明了参与检测器和连续预测器两个关键组件的设计。前者能够从学生的日常学习活动中提取其学习参与模式，后者能够根据提取的参与模式、过去表现、人口统计信息，预测学生的学习表现。最后，我们使用真实数据集，对比了该模型与现有的七种方法，并证明了该模型的优越性。

致谢

本研究得到了澳大利亚研究委员会联合研究项目的支持，资助编号：LP180100750。

参考文献

[1] J. Kuzilek, M. Hlosta, and Z. Zdrahal, "Open university learning analytics dataset," *Sci. Data*, vol. 36, pp. 170– 171, 2017.

[2] C. Romero, S. Ventura, P. G. Espejo, and C. Hervas, "Data mining algorithms to classify students," in *Proc. 1st Int. Conf. Educ. Data Mining*, Jun. 2008, pp. 8–17.

[3] F. Bonafini, C. Chae, E. Park, and K. Jablokow, "How much does student engagement with videos and forums in a MOOC affect their achievement?" *Online Learn. J.*, vol. 21, no. 4, pp. 223–240, 2017.

[4] W. Hämäläinen and M. Vinni, "Comparison of machine learning methods for intelligent tutoring systems," in *Proc. 8th Int. Conf. Intell. Tutoring Syst.*, Jun. 2006, pp. 525–534.

[5] P. J. Guo, J. Kim, and R. Rubin, "How video production affects student engagement: an empirical study of MOOC videos," in *Proc. ACM Conf. Learn. Scale*, Mar. 2014, pp. 41–50.

[6] A. Ramesh, D. Goldwasser, B. Huang, H. Daume, III, and L. Getoor, "Learning latent engagement patterns of students in online courses," in *Proc. 28th AAAI Conf. Artif. Intell.*, Jul. 2014, pp. 1272–1278.

[7] K. C. Manwaring, R. Larsen, C. R. Graham, C. R. Henrie, and L. R. Halverson, "Investigating student engagement in blended learning settings using experience sampling and structural equation modeling," *Internet Higher Educ.*, vol. 35, pp. 21–33, 2017.

[8] X. Zhang et al., "Multi-modality sensor data classification with selective attention," in *Proc. 27th Int. Joint Conf. Artif. Intell.*, 2018, pp. 3111–3117.

[9] C. Wang, M. Wang, Z. She, and L. Cao, "CD: A coupled discretization algorithm," in *Proc. Pac.–Asia Conf. Knowl. Discovery Data Mining*, 2012, pp. 407–418.

[10] C. Wang and L. Cao, "Modeling and analysis of social activity process," in *Behavior Computing*. Berlin, Germany: Springer, 2012, pp. 21–35.

[11] C. Wang, C.-H. Chi, Z. She, L. Cao, and B. Stantic, "Coupled clustering ensemble by exploring data interdependence," *ACM Trans. Knowl. Discovery Data*, vol. 12, no. 6, pp. 1–38, 2018.

关于作者

Xiangyu Song 研究兴趣包括教育数据挖掘和分析、社交网络分析、深度学习。2013年获北京交通大学交通运输专业学士学位。现于澳大利亚迪肯大学信息技术学院攻读计算机科学博士学位。IEEE会士。联系方式：xiangyu.song@deakin.edu.au。

Jianxin Li 澳大利亚迪肯大学信息技术学院副教授。研究兴趣包括数据库查询处理和优化、社交网络分析、教育知识数据挖掘、交通网络数据处理。2009年获澳大利亚斯威本科技大学计算机科学博士学位。联系方式：jianxin.li@deakin.edu.au。

Shijie Sun 中国长安大学讲师。自2017年10月起以联合培养博士生身份就读于澳大利亚西澳大学。研究兴趣包括机器学习、对象检测、定位跟踪、动作识别。获长安大学智能交通与信息系统工程博士学位。联系方式：shijiesun@chd.edu.cn。

Hui Yin 研究兴趣包括社交网络分析、信息传播预测、自然语言处理。2008年获延边大学计算机应用技术专业硕士学位。现于澳大利亚迪肯大学信息技术学院攻读计算机科学博士学位。联系方式：yinhui@deakin.edu.au。

Phillip Dawson 澳大利亚迪肯大学评估和数字学习研究中心的副主任，专攻教育评估。获澳大利亚伍伦贡大学教育学博士学位。联系方式：p.dawson@deakin.edu.au。

Robin Ram Mohan Doss 澳大利亚迪肯大学信息技术学院教授兼副院长。1999年获印度马德拉斯大学电子和通信工程学士学位，2000年、2004年分获澳大利亚皇家墨尔本理工学院计算机科学硕士和博士学位。联系方式：robin.doss@deakin.edu.au。

[12] J. Li, T. Cai, K. Deng, X. Wang, T. Sellis, and F. Xia, "Community-diversified influence maximization in social networks," *Inf. Syst.*, vol. 92, 2020, Art. no. 101522.

[13] S. Hochreiter and J. Schmidhuber, "Long short-term memory," *Neural Comput.*, vol. 9, no. 8, pp. 1735–1780, 1997.

[14] A. Liaw et al., "Classification and regression by random forest," *R News*, vol. 2/3, pp. 18–22, 2002.

[15] H. Drucker, C. J. Burges, L. Kaufman, A. J. Smola, and V. Vapnik, "Support vector regression machines," in *Proc. Adv. Neural Inf. Process. Syst.*, 1997, pp. 155–161.

[16] D. J. MacKay, "Bayesian interpolation," *Neural Comput.*, vol. 4, no. 3, pp. 415–447, 1992.

[17] L. Bottou, "Large-scale machine learning with stochastic gradient descent," in *Proc. COMPSTAT' 2010*, 2010, pp. 177–186.

[18] C. K. Williams and C. E. Rasmussen, *Gaussian Processes for Machine Learning*, vol. 2, no. 3. Cambridge, MA, USA: MIT Press, 2006.

[19] H. Drucker, "Improving regressors using boosting techniques," in *Proc. 14th Int. Conf. Mach. Learn.*, vol. 97, pp. 107–115, 1997.

[20] S. K. Pal and S. Mitra, "Multilayer perceptron, fuzzy sets, and classification," *IEEE Trans. Neural Netw.*, vol. 3, no. 5, pp. 683–697, Sep. 1992.

（本文内容来自 IEEE Intelligent Systems, Jan./Feb. 2021）**Intelligent Systems**

iCANX 人物

新时代的科技女性，
柔性电子的探索者
——专访电子科技大学林媛

文 | 王卉　于存

她是曾经的广西壮族自治区高考女状元，也是汶川大地震后毅然报效祖国的女科学家；她是英特尔公司高薪聘请的工程师，也是致力于三尺讲台默默耕耘的人民教师；她是巾帼不让须眉的女科学家，也是一直奋斗在科研一线的学者，她就是林媛。

外界对她似乎有着一系列的疑问：在国外扎稳脚跟的她为什么会选择回国？手持多项发明专利的她在科研道路上是如何挑战"不可能"？加入"致力为公，侨海报国"致公党的初衷又是什么？如何从一名默默无闻的学生成长为业界传奇女科学家？

今天，跟随记者，揭秘林媛的传奇人生。

林媛，电子科技大学材料与能源学院教授。于1999年在中国科学技术大学获得凝聚态物理博士学位，然后在中科院物理所、休斯敦大学、洛斯·阿拉莫斯国家实验室从事博士后研究，之后在 Intel 公

图1

司担任高级工程师。2008年，加入电子科技大学并入选长江学者特聘教授。研究领域是电子薄膜材料与器件，主要研究兴趣是制备各种薄膜材料（包括铁电氧化物、氧化钒和其他氧化物材料）并将其应用于电子器件，尤其是可拉伸的柔性电子器件。

问题：您和您的团队主攻的方向是信息功能薄膜传感器，着重在不同的衬底上，利用不同的方法，制备出高质量、性能可控的电子信息薄膜，并且您也成功研制出了一系列高性能无机功能薄膜的可延展柔性传感器，您能向我们介绍一下，相较于传统的硬质电路板，它有什么优势吗？

林媛：我们一直习惯用硅、砷化镓等无机材料来做器件，比如我们熟知的CPU，现在CPU的性能做得越来越好，速度越来越快，功能越来越强，应用场景也越来越多了。在科幻世界里，比如我们在看漫威电影时，看到黑豹的战衣非常酷炫，能够随需求进行切换，从中我们可以发现，只有电子器件与人体完美贴合，它才会最大程度发挥其效力，不阻碍甚至影响人类的活动，当然这个前提就是电子器件不能太硬。现实生活中柔性电子器件也存在很多应用场景，

比如飞行员或者深海工作人员，当他们在从事作业的时候，一旦他们出现生理问题或者其他威胁生命安全的问题，要如何快速地收集信息并传递给我们呢？这就需要电子器件的帮助，它必须与我们的身体紧密地贴合，这样才能传递准确无误的信息，并且不影响这些在狭小空间或极端条件下工作的工作人员。什么是柔性电子器件？它要求我们能够将硬质电路板做成像鲨鱼皮一样，真正实现可延展柔性，不仅是可弯曲的而且是可拉伸的。我们团队近期成功研发了一款"汤姆·克鲁斯"同款隐形眼镜，这款眼镜能够检测眼压、泪糖、眼动等生理参数，为眼部疾病做实时监测。我们知道类似青光眼这样的眼部疾病，起初的表现就是眼压不正常，但是当你能够感觉到并且去医院检查的时候，实际上症状已经很严重了，甚至到了疾病的后期，但是如果能够对眼压进行实时检测，那就相当于我们在疾病的初期便能发现并对其进行干涉，这样疾病就会得到更好的治疗。当然，这只是柔性电子器件其中一方面的应用，类似这样的应用还有很多，所以柔性电子器件未来无论是对生命健康，还是对信息以及国防等领域都有着非常重要的意义。

问题： 您曾说过"电路板'软化'对于医学、脑科学、人类健康产业都具有很重要的意义"。您能介绍一下，柔性电子薄膜传感器目前的发展状况以及其应用情况吗？

林媛：柔性电子器件这几年真的是学术领域的"热门"科学，不管是学术界还是产业界都对其给予了极大的关注。我们比较熟知的 John Rogers 团队、鲍哲南教授团队以及国内的很多团队都在做一些相关的研究工作。类似三星、华为等企业也高度重视这个领域的研发，不断地推出各种新产品。目前市场上柔性电子器件最常见的就是腕表，我想将来更柔的可拉伸可弯曲的产品会陆续走向市场，惠及我们的生活。

目前我认为大多数器件主要以传感为主，比如测血压、测血氧、测脉搏等一些基础的测量工作，但

是由于贴合性不是很高，所以数据的精确度可能离我们预想的还有一段差距，未来我相信一定会有更好的产品，真正解决贴肤性的问题。今后我认为柔性电子器件将会在以下两个方面得到发展：一是检测的精准度、灵敏度和稳定性，如果这些问题能够解决，那么它所收集的数据将会达到医学级水平；二是功能集成，比如现在大多数产品都只有监测的功能，未来是否可以将物理场刺激治疗、药物注射或者药物释放等功能集成进去，这样对于慢性病的治疗都是非常有益的，我觉得这可能是未来柔性电子发展的一个趋势。

问题： 二氧化钒是敏感材料中的佼佼者，备受传感器研发者的青睐。但二氧化钒薄膜一般只在复杂昂贵的高真空设备中才能获得比较好的性能，您和您的团队却用简单易行的化学溶液沉积法制作出了晶体结构和相变性能都非常好的二氧化钒薄膜，您是如何想到这种方法的呢？

林媛：这是我们团队做的一个比较有特色的工作。当时我们的合作团队希望我们帮助他们做一些二氧化钒薄膜，供他们做太赫兹器件。我们知道二氧化钒非常难做，因为钒的价态很丰富，它是一个过渡金属，其价态有正 2 价、正 3 价、正 4 价和正 5 价，正 5 价是最稳定的，所以如果将钒在氧气中进行氧化，多半会形成五氧化二钒。二氧化钒正好是一个中间价态，所以做出来的二氧化钒中的钒极有可能会有多种价态，这样会对性能有很大的影响。初期我们在尝试的时候，基本都是随机性，有时候能做出来，有时候做不出来，或者即使做出来性能也很差，原因就是它的氧含量很难控制，价态把握不准。通过实验，我们终于发现二氧化钒稳定生长的温度区间范围——仅仅 4℃。我们制备二氧化钒没有选择使用高真空设备，而是选择了化学溶液沉积方法，因为我认为科研最终的目的是要产业化的，如果使用复杂昂贵的设备，那么它的应用就会受到限制，而化学溶液法设备简单，成本低。但是这样在二氧化钒的制备过程中，我们就

遇到了两大难题，一是温度控制的精确性，二是氢气和氮气比例的稳定性。由于二氧化钒稳定生长的温度区间范围很窄，只有4℃，而我们使用的设备的温度控制精确度并不是那么好，温度漂移之后二氧化钒会出现氧含量偏差而导致钒的价态变化，温度偏低时会过氧化，而温度偏高时会氧化不足。我们后来用水蒸气补氧的方式解决了温控问题。解决这个问题的前提是找到一个反应，让它有自限性，也就是说，相当于给它设立一个上限，到了这个点之后，由于自由能的限制，氧化程度受到限制，这样就能保证二氧化钒在制作的过程中只达到它所需要的氧含量，不会过氧化，通过热力学平衡理论的计算，我们发现通过水蒸气补氧恰好是这样一类反应。还有一个问题就是，在实验过程中我们发现，每次厂家给我们提供的氢气和氮气混合气中的氢气含量总是不能够做到完全一致，这就会影响二氧化钒薄膜的制作，所以我们现在就用电解水的方式来生产氢气，能稳定控制混合气体里的氢气含量，虽然说这是一个特别小的设备改造，但是却真正解决了一直困扰我们的难题。

图2

问题： 您的教育背景非常丰富，包括考入中国科学技术大学，后来又在中科院物理所、休斯敦大学、洛斯•阿拉莫斯国家实验室从事博士后研究。这些经历对您日后从事科研有什么影响？

林媛：这些经历对我影响非常大。我记得当时去物理所的时候，中国科学技术大学的师兄便对我

说，物理所就是咱们学物理的国家队，你一定要好好做，这句话给了我特别大的信心和鼓励。在这种氛围里，你就会始终有一种持续向上的精神，所以我觉得年轻人应该给自己定的目标远大一点，要有理想，有抱负。后来去洛斯•阿拉莫斯国家实验室，这里是第一颗原子弹和氢弹的诞生地，"曼哈顿计划"也是在此执行的。这个地方非常美，野生动物随处可见，非常安静，很适合做科研。

我去英特尔公司面试之前，其实已经拿到了洛斯•阿拉莫斯国家实验室工作的Offer，我本来去面试只是想去长长经验值，抱着试试看的态度，但是没想到最后英特尔公司给我发了Offer，在思考过后，我决定去就职，想看看世界排名前几的公司是怎样的运行机制？在英特尔公司做了几年后，我就回国来到了电子科技大学，我觉得这其中很重要的一个原因就是我不想过一成不变的生活，骨子里的性格还是喜欢挑战，喜欢征服的感觉。公司是要按照市场来进行研发的布局，但是在学校不一样，你可以做一些前沿性研究工作。但是我特别感谢在英特尔公司的这段经历，我建议"象牙塔"里的老师去企业看一下，到生产线上看看一个产品是如何生产出来的，产品的设计、制造都需要考虑哪些问题，如何满足客户的需求，如何打开市场，怎样才能使一个产品具备可持续生长的能力。我觉得科研的最终目的不是要发一篇论文，而是要转化成为人们服务的产品，这样才更有意义，而这种思维方式绝不是仅在"象牙塔"就能培养出来的，必须要到企业里去学习和锻炼。

问题： 您先后从事氧化物介电薄膜、纳米材料、微电子封装、无机柔性电子器件等相关研究工作，为什么在回国后选择研究方向时，您选择了柔性电子器件这一难度如此高的领域？

林媛：以前我一直在做氧化物介电薄膜方面的研究，比如说如何对应力进行调控，怎么才能让薄膜生长得更好，怎么把其中很基础的问题研究得更深入清

图3

图4

楚一些，每年我们都可以发很多文章。但是我去了英特尔公司后，对这个问题重新进行了思考。我迫切地希望我所从事的研究能够对社会有用，尽管从长远意义上说，基础科学的研究对社会也是必不可少的。回国后我就想，要不做微电子封装吧，因为它和器件、产品结合得会更加紧密，但是在尝试的过程中我挖掘不到这其中的创新点。后来也是通过团队合作，我发现可延展柔性传感器挺有意思，既能够将我做薄膜、微电子封装的这些背景用起来，而且这个方向在国际上也很前沿，有着很好的应用前景，像皮肤电子、健康监测等，最关键的是，从2004年起这个方向在国际上才刚刚起步，我觉得未来我们国家是有可能占有领先地位的。所以我就选择了柔性电子这个方向，虽然有很大的难度，会遇到很多的困难，但是这种挑战我很喜欢。

问题：自从您回国任教以来，您相继承担了教授本科生和研究生的任务，先后开设了"微电子前沿"、"纳米科学初探"等课程，2014年，由您主讲的课程获评教育部视频公开课。此外，您曾多次获得省部级教学成果奖。您在教学上有什么独特的方法吗？能否给青年教师提一些建议？

林媛：我其实很喜欢教学，教学相长是我作为老师最大的体会。一方面我认为教学是真正检验一个老师知识是否学好，是否能够把知识点给学生讲清楚的一把标尺；另一方面，老师通过与学生的交流，也会产生更多的idea，从而反哺科研。

在教学方法上，我认为相较于课本知识，老师更应该传递的是一种思维方法。我经常对我的学生说，上我的课不需要提前预习，只要听老师讲，跟着老师的思路走就可以，当老师提出问题后，你要把自己当成科学家思考如何解决这一难题。我后来在教学过程中发现，其实很多东西我一点就破了，但是这层窗户纸我更希望是学生自己捅破。只有以这种方式学习，你才能真正理解物理学这座大厦是如何构建的，你才有可能自己去建一个小房子，否则你永远看到的只是一块一块的砖头，你不能理解房子、大厦是如何搭建的，你永远不可能有自己的理论、自己的思想、自己的方法。现在教孩子们解题的年代已经过去了，作为老师，我认为更重要的是需要教授他们如何去出题、如何建房子。

问题：听闻您回国之后，加入了民主党派——中国致公党，在立足本职科研工作的同时，积极参加党务活动，积极参政议政、建言献策。您能简单介绍一下致公党并谈一谈您选择加入这个党派的原因吗？

林媛：致公党是由归侨、侨眷和与海外有联系的代表性人士组成，我加入这个党派首先是被它的历史所吸引，而且它在抗日战争期间为整个中华民族的解放运动都做出了巨大的贡献，它的宗旨就是致力为公，侨海报国。我们学校有一些退休的老同志，他们作为致公党的成员经常对国家、对学校里的事情建言献策，他们这种真挚的感情让我很受感动，让我对他们有一种肃然起敬的感觉，所以我一直努力向他们看齐。

问题： 对您的科研成就我们都有目共睹，那您在平时有什么爱好吗？

林媛：我的爱好是种菜。我们家住楼顶，有一个露台，以前一直是我父母在经营，有一次我父母回老家，就把这个重任交给我了。再加上前两年疫情，在家的时间比较多，我就开始尝试种菜，慢慢的我发现种菜特别有乐趣，因为你能看到植物的生命从孕育到不断发展的过程。以前我都不知道原来秋葵、四季豆的花那么漂亮。种菜的时间长了，有时候我也会对比种菜和教学生之间的异同，我发现这其中有很大的相似之处。有一次我把丝瓜的籽种在地里很久，但是它始终不发芽，我本来都放弃了，但是一个月后，我发现它竟然奇迹般地长出嫩芽了，这件事给我了特别大的启发，我在想它晚发芽的原因可能是那年天气比较冷，温度太低了，所以导致它延迟发芽。联系到教学，我们有时会觉得有些孩子为什么不论怎么点拨就是不开窍，或许就像种子发芽的温度还不到一样，我们需要再给他一点时间或者能量。再比如，种菜一个很重要的步骤就是驱赶虫子，所以我每年都会提前搭建一个特别大的网，保证蔬菜不会在发芽时被虫子吃掉。这一点就很像我们作为教师应该给孩子们提供有保护性的环境，让他们免受外界的伤害，为他们提供合适的温度和水分，我相信，终有一天这些孩子们也会发芽并成长的。

问题： 在遇到科研难题或者难以解决的问题时，您是如何克服困难的？

林媛：以前有一个叫推箱子的游戏，你会发现当你沿一个方向推到头的时候，箱子的前面永远有一堵墙，这个时候你需要绕一条路走别的方向你才能通

图 5

关。我想这个游戏给我们的启示与我们在遇到困难时的解决方式是一样的，第一点就是坚持，第二点就是要找对方法。以前我在洛斯·阿拉莫斯国家实验室读博士后的时候，我经常晚上去做实验，我的家人就很奇怪，问我为什么要晚上去做实验？我说因为我们实验室是好几个人共用一个设备，所以摆在我面前就三个选择，要么我放弃，也不必排时间，但是你不做实验，就拿不到数据，你的研究就没有办法向前推进；要么我跟其他同学争白天的时间，可能争得到，但也是碎片化的时间，当然也可能争不到；要么我晚上去，有足够的实验时间但是可能会影响作息，所以后来为了能够安心做一套完整的实验，我选择晚上去。在实验的过程中其实也会遇到各种各样的问题，我的经验就是除了上述的两点外，一定要静下心来学会分析，找到出现问题的原因并解决它。

问题： 随着您回国后取得的成果和奖励的日益增加，网络上对您的宣传报道也越来越多，对此您怎么看？

林媛：坦诚地说，我认为自己只是一个想要尽力做好本职工作的教育科技工作者，没有值得特别宣传的地方，但如果我的经历能够对青年人的成长提供帮助和指导，我愿意在不同的场合通过不同的渠道进行分享。但是，目前有一些网络自媒体在不了解真实情况的前提下，过度想象，肆意发挥，甚至在某些报道

中还出现了"美国不愿放回的科学家"、"放弃千万年薪"、"手握十五项专利回国"等言过其词的表述，对此，我是非常反对的。我曾多次在微信朋友圈澄清，也反复地联系这些发布平台删帖，但仍有不少自媒体为了博眼球、赚流量，不断地发布杜撰报道，我也非常无奈。作为一名教育科研工作者，实事求是是我们一直追求的真理。在此，我想澄清一点，我在国外虽然工作生活比较安稳，但并没有像有些报道中所说的百万或千万美金收入，回国时也未受到任何阻挠，不存在"美国不愿放回"的情况，我在国外的时候和合作者的确申请了一些专利，但并不足十五项，而且这些专利是职务发明，也不存在带专利回国的说法。作为一名从小受祖国培养而成长起来的教育科研工作者，回国报效祖国，是我的责任也是我的义务，正是因为国家的昌盛和学校的大力支持才让我的理想找到了庇护和发展的平台，真正地做到了学有所用。最后，希望我的经历能够对大家有所启示，希望各媒体在报道新闻时能够秉承新闻真实性和客观性的原则，不断为公众呈现一篇篇精彩文章。

图6

问题：随着时代的发展，女性在科研界扮演着越来越重要的角色。您作为科研界的巾帼女英雄，想对从事科研的女性工作者说些什么？对她们有什么建议？

林媛：我觉得男女之间在大多数情况下还是存在着比较明显的区别，这个是由大脑结构以及生理结构等原因决定的。较男性而言，女性可能在很多问题上会更加仔细、更加细心，这是女性的一个优势，其次，很多女性的思维是非常活跃的，而且女性的心理成熟度要比男性会更早一些，所以我觉得这些在科研里都是女性独有的优势。我给女性工作者的建议就是一定要自强自立，平衡好工作和生活，要学会享受并热爱生活。

作者寄语

林媛老师是 iCANX Story（大师故事）第17期节目的嘉宾，通过与林媛老师的交流，可以发现虽然在她身上有很多的标签，诸如我们熟知的中国科学技术大学的物理天才，英特尔公司高级工程师等，但是她更愿意把自己看成是一位人民教师。

她骨子里的性格是倔强的、是喜欢创新挑战的。相较于很多人喜欢安稳舒适而言，她更喜欢大胆突破、敢于尝试未知，所以选择了柔性电子这一难度非常高的领域。

她是一位有想法的科学家，不仅科研做得好，而且时刻考虑如何将产品产业化，服务公众。她是勇敢走出象牙塔的学者，从美国洛斯·阿拉莫斯国家实验室的博士后到英特尔公司再到电子科技大学，她实现了产学研的无缝衔接。

最重要的是，她是一位懂得生活、懂得享受的农耕人，有着一份娴静淡泊之心。

在这期访谈中，我们看到了林媛老师传奇的人生故事，听她分享了自己的人生经历和感悟，希望能够鼓励更多的科研工作者，尤其是女性科研工作者参与到科学的浪潮中，践行和发扬科学家精神。

未来杯获奖作品

AI 学术联赛

冠军——wengyx 战队

本作品名为"灵医小智"，主要面向的是融合知识图谱的多模态智能医疗对话系统。我们致力于打造主动式友好医疗，覆盖"分诊""问诊""复诊"等过程，精准服务于每一个患者。通过多模态技术感知患者病情，利用知识图谱技术赋能医疗推理，为患者提供实时的拟人化、专业化的交互服务。这项技术的应用将极大缓解医院的线下医疗服务压力，助力智慧医疗行业发展。

在本次比赛中我们的作品获得了冠军，这足以表明大家对于基础医疗行业的重视。我们相信未来的人机交互技术一定是以多模态、以人为本为主导，结合预训练大模型的人工智能创新产业必将引领下一代人工智能技术的发展。我们期望在明年的未来杯上，能够涌现出更多服务于人们生活，给大家带来更多便利的优秀作品。同时我们也希望未来杯能够越办越好，让创新激情的火花在思维碰撞中产生！

图1

亚军——CKGG 战队

我是 CKGG 队队长沈俞霖，来自南京大学 Websoft 实验室。我们的参赛作品 CKGG 是一个用于高中地理领域的中文知识图谱，目标是为学生提供更好的计算机辅助教育。我们根据高中地理领域知识构建了高中地理本体，并以 GeoNames 和 Wikidata 为基础，对不同来源的各种不同格式的地理数据进行转换和整合，最终得到了一个大规模的知识图谱并探讨了其上的潜在应用。

此次参赛，首先需要感谢程龚老师的指导以及队员同学们的付出。此外，感谢各位评委老师提出的宝贵意见帮助我们认识到了此项工作的潜在价值和不足之处。最后感谢未来杯提供的宝贵的展示和探讨机会，希望未来杯将来百尺竿头更进一步！

图2

一等奖——事理图谱队

事理图谱是一个事理逻辑知识库，描述了事件之间的演化规律和模式。结构上，事理图谱是一个有向有环图，其中节点代表事件，有向边代表事件之间的顺承、因果、条件和上下位等事理逻辑关系。事件是人类社会的核心概念之一，人们的社会活动往往是由事件驱动的。现有的知识图谱大多只聚焦于实体之间的关系，缺乏了对事理逻辑的挖掘，而事理逻辑知识是一种很重要的知识，对于理解事件，预测未来有着重要的辅助作用。

考虑到事件的演化规律更多地是以图的形式存在的，事件对或事件链很难正确地捕获事件的演化规律，目前大多数图知识增强的模型在预测阶段的检索过程会带来很大的时间开销，并且图谱的覆盖度比较有限。我们提出了一个预训练语言模型与图神经网络结合的模型进行事件预测任务，通过构建事理图谱来建模事件之间的关系，并引入一个隐变量来建模事件之间的邻接关系，在提升事件预测性能的同时，还能极大降低事件关系检索的时间开销并解决图谱覆盖不够的情况。在脚本事件预测（MCNC）和故事结尾（SCT）预测数据集上的结果证明了我们模型的有效性和优越性。

图3

HarmonyOS 技术应用创新大赛

冠军——GF19：守护者团队

基于数据交叉算法的脑卒中偏瘫患者延续性护理辅助系统，我们的项目采用硬件设备结合 HarmonyOS 软件为脑卒中偏瘫患者居家康复护理打造场景化应用，手表端为患者提供危险动作警报功能，手机端给患者家属和医生反馈患者病情变化，为脑卒中偏瘫患者居家延续性护理保驾护航。

参加未来杯比赛也是我们项目成长的过程，未来杯比赛很大的特色就是先教再赛，将一些先进的科技知识通过直播等方式传授给比赛团队，让我们在比赛过程中更新完善项目，这种先进的理念对参赛团队很有帮助。这次比赛中，我们将 HarmonyOS 分布式的技术运用到项目开发中，让我们为脑卒中偏瘫患者打造

图4

的居家康复场景更加完善，也让我们更深地了解了鸿蒙生态的强大。

在决赛过程中，评委老师为我们项目提出了宝贵的建议，为我们项目之后的发展指明了道路。未来杯比赛，为广大技术开发者提供了卓越平台，让更多优秀的项目得以展示，这次获奖，是一种鼓舞，让我们明白前方有路，未来可期，也是一种鞭策，让我们懂得脚踏实地，任重道远。

亚军——旷视

当前国际局势复杂，无人作战环境下的边境防御、重点实验室、进出口港口、医院等国家重要场所成为安保布防的难题，急需一套系统实现无人化、智能化。因此我们开发出该无人安防平台系统，可以广泛应用于要地安防等任务中。

旷视——侦打一体安防平台系统分为自主巡逻平台与武器协同平台。所有平台均搭载了ROS操作系统，具备SLAM建图导航能力、巡线能力，实现固定和自主巡逻等多样巡逻模式。武器系统包含电磁软杀伤以及武器硬打击两种方式。软杀伤方面用了多种屏蔽源，真正实现全频段阻塞。硬打击方面由自主追踪枪械与电磁炮组成。我们还充分利用鸿蒙系统的物联生态优势，基于实现鸿蒙的"1+8+N"构想，在

硬件和软件的设计上均采用了鸿蒙的开发平台。利用HI3861开发板采集传感器数据回传上位机树莓派，并接收其指令信息从而驱动底层设备，同时该开发板也是与APP端通过WiFi进行数据交互的主要单元，平台所采集的图像数据可以回传至APP端，辅助指挥员采取决策，并将决策指令通过APP端发送至平台，指导平台下一步行动。综合多项先进技术与鸿蒙分布式构想，该安防平台系统真正实现电磁全频段阻塞、快速识别打击、稳定高效组网、实时指挥控制。

本次参加"未来杯"HarmonyOS技术应用创新大赛，很荣幸能够获得亚军。非常感谢组委会对团队的肯定，以后我们仍会不懈努力，继续打磨项目，开发鸿蒙架构的软硬件平台，为中国人工智能行业贡献自己的一分力量。

季军——GF31-帕金森团队

苹果、谷歌、微软都有自己的操作系统，华为也终于有了自己的HarmonyOS，该系统可以一次开发、多端部署，缩短了设计的时间。基于该操作系统之上，我们优化了我们自己的项目——基于帕金森患者康复疗效手部穿戴式评估系统，硬件软件相结合，提

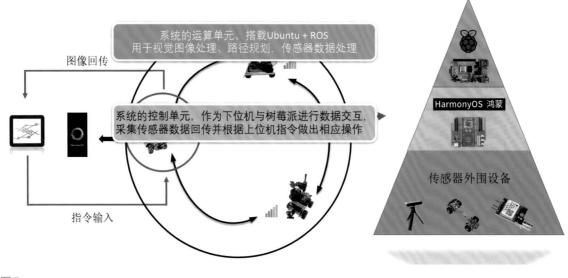

图5

图6

供帕金森患者实时监控评估的应用，给患者家属和医生反馈患者病情变化，为帕金森患者居家评估提供捷径。

参加未来杯比赛使我们的项目进一步提升，让我们在比赛过程中完善自己的项目，也使我们的项目内容更加多样化，提供给我们课程去学习加深理解。在最后的国赛阶段，通过观看其他战队的项目介绍与设计思路，对我们项目之后的发展很有启发，未来杯的比赛，给我们指引了项目的未来发展之路，也让我们在比赛中受教。

一等奖——可问清风战队

我设计的Matmod是一款类似VScode的插件式软件，在Matmod基础模块上，用户可以根据需要下载不同的科学计算软件模块。目前在Windows操作系统上，已经开发得很完善了。HarmonyOS的开发才起步，开发比较完善的部分是Matmod自带的基础模块，以及数学建模算法模块Xmath、量子模拟计算模块Xmatele；基因序列分析模块Xlearn已经完成了大部分开发，目前还在调试接入中，相信在之后会获得更多的进展。

此前，美国商务部将中国数十家公司和13所高校列入了制裁"实体清单"，其中一条就是禁止这些高校和企业使用科学计算仿真软件Matlab，我国亟需研发独立自主的科学计算软件，需要更多开发者参与进来。

或许我开发科学计算软件的能力不足Matlab十万

分之一，但在学习与开发的过程中我已经收获良多。同时，我也希望国产科学计算软件有一天也能够有燎原之势！

鸿蒙开，万物生；胡杨不死，麒麟不绝；中华有为，国之荣耀！

最后，感谢未来杯提供的学习平台与学习资源，在半年的学习中我收获良多，同时对各位组委老师致以真诚的感谢！

一等奖——卓越之星

大家好，我是戈帅，很荣幸《救援小车》获得2021iCAN大赛"未来杯"HarmonyOS技术应用创新大赛一等奖。这次获奖对于小学生的我，是一种莫大的鼓励，同时也是对我一直以来不懈努力的认可和见证。

《救援小车》是我在首届华为HarmonyOS创新大赛颁奖典礼上获得的智能小车礼品基础上创新而来，它利用鸿蒙系统分布式技术实现多设备协同救援。

最后衷心祝愿"未来杯"越办越好，给更多热爱创新、热爱开发的学生们提供展示的平台。

图7

ComputingEdge

为您提供行业热门话题、科技综述、深度文章的一站式资源

| 来自IEEE计算机协会旗下12本杂志的前沿文章 | 计算思想领袖、创新者和专家的独特原创内容 | 使您随时了解最新的技术知识 |

免费订阅
www.computer.org/computingedge